Veijo Hänninen

Reaalimaailmaan tunnustellen

Nanoteknologia ja anturit

Kustantaja:
BoD – Books on Demand, Helsinki, Suomi

Valmistaja:
BoD – Books on Demand, Norderstedt, Saksa

ISBN 978-952-339-406-3

Sisällysluettelo

5

6

REAALIMAAILMAA TUNNUSTELLEN

Nanoteknologia ja anturit

Kun tietotekniikkaa hyödynnetään jo tehokkaasti monella tasolla, sitä haluttaisiin käyttää myös yhä enemmän reaalimaailman ilmiöitä seuraamaan.

Uusin tämän suunnan ilmiöitä on Internet of Things eli esineiden internetin käsite, jossa erilaisia laitteita haluttaisiin seurailla internetin kautta. Jotta jonkin laitteen seuraamisessa olisi jotain mieltä, täytyy sieltä olla haettavissa tai itsenäisesti lähetettävissä jotain informaatiota. Tämä taas tarkoittaa, että kyseinen laite kerää ympäristöstään jotain informaation arvoista. Tähän taas tarvitaan antureita.

Kaikki tämä tarkoittaa, että tarvitaan yhä laajemmin erilaisia antureita ja niiden sovittamista tietotekniikan maailmaan.

Erilaisia antureita on käytetty teollisuudessa jo satakunta vuotta. Siellä anturit muodostavat niin sanotun säätösilmukan ensimmäisen osan joka jatkuu edelleen sopivalla mekaanisella tai sähköis-elektronisella välityspiirillä sekä täydentyy lopuksi toimilaitteella itsenäisesti toimivaksi säätösilmukaksi.

Toisaalta antureita käytetään vain selkeään informaation keruuseen, josta kertynyttä dataa käytetään sitten vaikkapa sääennusteen laatimiseen. Tämän tyyppiseen laajaan kerättyyn informaatiodatan käsittelyyn juuri tietotekniikka tarjoaa parhaan avun.

Suurin osa antureita seuraa meidän reaalisen maailman ilmiöitä eli ne toimivat analogisesti. Siten anturien ja digitaalisen tietotekniikan väliin tarvitaan analogia-digitaali muuntimia (ADC). Se muuntaa analogisen signaalin biteiksi, joita tietotekniikka osaa hyödyntää. Toiseen suuntaan dataa muokattaessa tarvitaan puolestaan digitaali-analogia muuntimia (DAC).

Anturi

Anturi on laite tai rakenne, joka tuottaa ihmisten ymmärtämiin mittayksiköihin muunnettua informaatiota jostain fyysisestä tai kemiallisesta ilmiöstä.

Teknisesti ne ulottuvat yksinkertaisista passiivista materiaalipaloista aina monimutkaisiin konenäkö- ja tutkajärjestelmiin saakka. Ehkä kuvaavin esimerkki monipuolisesti anturitekniikkaa hyödyntävästä nykyjärjestelmästä on ilman kuljettaa liikkuvat autot.

Yksinkertaisista tutuin on ehkä elohopealämpömittari joka elohopean laajenemisen kautta kertoo lämpötilan. Samantapainen asia tapahtuu lämpösähköisessä elementissä jossa materiaalin resistanssi muuttuu lämpötilan mukaan.

Molemmissa tapauksissa on tunnettava tarkkaan kyseinen fysikaalinen ilmiö, jotta muutokset osataan ilmaista Celsius-asteina.

Lisäksi näissä passiivissa anturirakenteissa mittaukseen liittyvä energia otetaan mitattavasta kohteesta, mikä täytyy ottaa huomioon järjestelmää kehitettäessä ja mittauskohteeseen sovitettaessa.

Toinen anturityyppi on mittauskohteen ulkopuolista energiaa hyödyntävä menetelmä. Esimerkiksi jonkin kemiallinen reaktio saadaan aikaan sähkövirralla ja näin aikaansaatua muutosta seurataan kolmannella elektrodilla.

Yksinkertaisinkin anturi tarvitsee tulostensa esittämiseen jonkinlaisen käsittelyjärjestelmän mutta esimerkiksi itsenäisesti liikkuvien alustojen anturijärjestelmät saattavat tuottaa jo niin paljon dataa, että ihan tavanomaiset prosessorijärjestelmät eivät kykene sitä kaikkea käsittelemään.

Näissä osa datankäsittelystä onkin siirretty itse anturilaitteistoon tehtäväksi ja silloin puhutaankin usein sensorijärjestelmistä. Esimerkiksi itsenäisen ajoneuvon tutkainjärjestelmä seuraa ja päättelee onko edessä mahdollisesti toinen auto, jalankulkija vai hirvi. Sitten varsinaiselle ohjausjärjestelmälle annetaan vain näitä vaihtoehtoja koskeva tieto, jonka perusteella se sitten tekee tarvittavat toimet.

Anturi vai sensori

Kansainvälisessä kielenkäytössä anturia tarkoitetaan sanoilla sensor ja muuntimia termillä transducers.

Suomessa sensorilla on tarkoitettu sota-aikana toimineita henkilöitä, jotka sensuroivat kirjeitä ja lehtiä. Siksi sensor – sana ei ole oikein iskostunut tänne vaikka esimerkiksi kaikki pohjoismaat ja saksalaiset käyttävät sensor –termiä. Tavallaan anturi tekee samaa hommaa kuin sensorikin eli päästää eteenpäin vain haluttua tietoa.

Mikropiirien kehitysvauhdista

Tietotekniikan viimeaikainen kehitys antaa kuvan siitä miten nopeasti mikropiiritekniikan mitoitus mahdollistaa tekniikan kehityksen.

Tunnetuin kuvaaja aiheesta on Mooren laki, joka ennusti mikropiirien transistorimäärän kaksinkertaistuvan noin kahden vuoden välein. Nyt meillä on kämmenelle sopivia älykännyköitä, joissa voi olla jopa 100 miljardia transistoria, joiden laskentateho ylittää sen mitä henkilökohtainen tietokone teki kymmenkunta vuotta sitten.

Tietotekniikan kehitys laskentatehon kannalta on ollut varsin suoraviivasta mutta sellaista ei voi saavuttaa sellaisenaan jonkin yksittäisen materiaaliteknisen laitteen suhteen.

Kuitenkin esimerkiksi Virginia Techin tutkijat ovat kehittäneet luottokortin kokoisen kaasukromatografialaitteen alustan, jolla voidaan analysoida haihtuvia yhdisteitä muutamassa sekunnissa.

Kromatografia on kemiallisten yhdisteiden tutkimiseen ja määrittelyyn käytetty menetelmä. Yleensä juuri kaasujen analysointiin liittyvät tutkimuslaitteet ovat eri komponenteista koottuja erittäin kookkaita laitteistoja.

Virginia Techin kehittämä mikropiiritasoinen kaasukromatografian mikropiirimoduuli on 1,5 x 3 senttimetrin kokoinen ja se vaatii valmistuksessa vain kahden maskin prosessin. Tavallinen mikropiiri vaatii yleensä kymmeniä ja tietokoneen prosessori jopa satoja prosessivaiheita. Tuotantokustannukset ovatkin yksi uutta anturiteknologiaa edistävä tekijä.

ATOMEISTA RAKENTAEN

Erilaisia antureita ja niiden tulosten käsittelyjärjestelmiä on luonnollisesti käytössä jo nykyisinkin mutta uusi nanotasoinen materiaalitekniikka mahdollistaa pian erilaiset atomeista lähtien valmistetut materiaalit ja yhdistelmät.

Sellaisella tekniikalla materiaaliyhdistelmä voidaan tehdä molekyylitasolla juuri sellaiseksi kuin halutaan. Tämä jos mikään luo anturitekniikalle aivan uudenlaiset mahdollisuudet etenkin kemiallisissa ja biologisissa sovelluksissa.

Atomitason materiaalitekniikan vallankumouksen ensimmäisiä saavutuksia oli grafeenin synty. Kyseessä on yhden atomikerroksen paksuinen levy hiiltä. Se on tavallaan jo aiemmin tutuksi tulleen hiilinanoputken levyksi oikaistu versio.

Aikanaan arveltiin, ettei yhden atomikerroksen paksuisen materiaalin aikaansaaminen olisi edes mahdollista sen lämpöliikkeestä johtuvan epävakauden hajottaessa sen saman tien.

Grafeeni kuitenkin saatiin aikaan vuonna 2004 ja varsin erikoisella tavalla. Grafiitti on liuskamainen hiilirakenne ja Manchesterin yliopiston tutkijat Konstantin Novoselov ja Andre Geim saivat siitä irrotettua ohuita kerroksia varsin epätavanomaisella teippiin perustuvalla kuorintamenetelmällä. Aivan viimeisen yksittäisen atomin ohueen hiutaleeseen pääsemiseksi tarvittiin avuksi kuitenkin vähän kemiaakin.

Tutkijoille myönnettiin saavutuksesta Nobelin fysiikan palkinto vuonna 2010.

Grafeenilla on erityisen vahva sähkön ja lämmönjohtavuus. Sen on myös mekaanisesti erittäin vahvaa ja läpinäkyvää. Grafeeni on kierrätettävää ja myrkytöntä mutta toisaalta sen on todettu tappavan hyvin bakteereita.

Grafeenin hyvä sähkönjohtavuus kiinnostaa elektroniikkateollisuutta mutta grafeenilta puuttuu transistoreissa tarvittava luonnollinen energian kaistaero. Sellaisen tuottaminen grafeeniin on osoittautunut hankalaksi ja siten vain erikoisratkaisuihin sopivaksi.

Esimerkiksi grafeenista valmistettu ChemFET-tyyppinen (kemiallinen kenttävaikutustransistori) anturi voisi saavuttaa yksittäisen molekyylin havaitsemisen.

Grafeeni ja anturit

Grafeeni toimii hyvin anturina, koska sen koko rakenne on alttiina ympäristölle joten se reagoi mille tahansa molekyylille, joka koskettaa sen pintaa.

Luonnollisesti pelkkä grafeeni reagoi mille tahansa joka osuu sen pintaan eli grafeeni on ensin funktionalisoitava eli saatettava reagoimaan vain jollekin halutulle molekyylille.

Grafeenia muokkaamalla esimerkiksi UCLA California NanoSystems Instituten tutkijat ovat kehittäneet erityisen sabluunan, jonka avulla voi ujuttaa molekyylejä tiettyihin malleihin, joita he tarvitsevat pienissä nanoantureissa.

UCLA California Nanosystems Institute

Reikäsabluuna mahdollistaa molekyylien liittyä tarkalleen haluttuun paikkaan. Molekyylien tarkan kiinnittymisen avulla voi määrittää tarkan kuvioinnin, joka on avain rakennettaessa nanoelektronisia bioantureita.

Menetelmä voi olla tehokkaampi kuin nykyiset molekyylikuvioinnin nanolitografiset menetelmät. Tällaiseen rakenteeseen perustuvat neurosensorit voisivat olla hyödyllisiä erityisesti mitattaessa aivosolujen ja piirien toimintaa reaaliajassa.

Nykyisin kemikaaleja haistelevat mikromatriisit tehdään menetelmillä, joissa tarvitaan korkeaa lämpötilaa ja reaktiivisia liuottimia. Tämä merkitsee näytteen tuhoutumista, joten tekniikka on kertakäyttöistä.

Uusimpien tutkimusten mukaan jonkin herkän biologisen merkkiaineen voi saada vaikuttamaan grafeenipinnan kanssa jopa niin, että merkkiainemolekyylit eivät tuhoudu.

Monet sovellukset vaatisivat myös nykyistä suurempaa herkkyyttä pienemmillä havaitsemisalueilla. Northwestern Universityn tutkimusryhmä ja heidän kumppaninsa Intiasta ovat kehittäneet menetelmän vahvistavan haluttuja signaaleja grafeenioksidiin perustuvissa sähkökemiallisissa antureissa.

Havainto voisi luoda teknologioiden uuden tason lääketieteessä, kemiassa ja tekniikan sovelluksissa. Se löytää jopa alle pikomolaarisia pitoisuuksia standardeista näytteistä.

Jos nano on 10^{-9} niin piko on seuraava pienenevien mittayksiköiden kerrannainen eli 10^{-12}. Seuraavat ovat sitten femto 10^{-15} ja atto 10^{-18}.

Solujen tasolle
Eräs grafeenin sovellusalue voisi olla myös erilaiset suodatinrakenteet mutta ajatusta on kehitetty myös käytettäväksi biologian parissa.

Massachusetts Institute of Technologyn (MIT) tutkijat ovat luoneet pieniä huokosia yksittäisiin grafeeniarkkeihin, joilla on joukko mieltymyksiä ja samanlaisia ominaisuuksia kuin elävien solujen ionikanavilla.

Yksittäisen solun pinta sisältää satoja pieniä huokosia eli ionikanavia, joista kukin on kulkuväylä tietyille ioneille. Kanavat ovat tyypillisesti noin yhden nanometrin levyisiä ja ne ylläpitävät pitävät solut terveinä ja vakaina oikean ionien tasapainon avulla.

Tutkijoiden kehittämän grafeenin jokainen huokonen on alle kaksi nanometriä leveä. Se tekee niistä pienimpiä aukkoja, joiden kautta tiedemiehet ovat, koskaan tutkinet ionivirtauksia. Jokainen on myös ainutlaatuisen selektiivinen, kuljettaen mieluummin vain tiettyjä ioneja kuin toisia läpi grafeenikerroksen.

Tutkijoiden mukaan näitä huokoisia voisi viritellä erilaisiin sovelluksiin saattamalla ne selektiivisiksi tietyntyyppisille ioneille. Sellaista voisi sitten käyttää anturina tunnistamaan ioneja.

Ultraherkkiä antureita

Loppuvuodesta 2015 kuudesta maasta peräisin oleva tutkijaryhmä kertoi, että booriseostetusta grafeenista valmistetut ultraherkät kaasuanturit voivat pian olla mahdollisia.

Booriin ja grafeeniin perustuvat anturit pystyivät havaitsemaan haitallisia kaasumolekyylejä erittäin pieninä pitoisuuksina. Tähän mennessä on testattu kahta kaasua. Typen oksideissa päästään miljardisosiin (ppb) ja ammoniakissa miljoonasosiin (ppm).

Nämä tarkoittavat 27 kertaa suurempaa herkkyyttä typen oksideille ja 10 000 kertaa suurempaa herkkyyttä ammoniakille verrattuna käsittelemättömään grafeeniin.

Penn State yliopiston johdolla toimineet tutkijat uskovat näiden tulosten avaavan tien korkean suorituskyvyn antureille, jotka voivat havaita pieniä määriä monia muitakin molekyylejä.

Sekä boori että typpi ovat hiilen vieressä jaksollisessa järjestelmässä, joten niiden korvaaminen olisi toteutettavissa.

Booriyhdisteet ovat erittäin herkkiä ilmalle ja hajoavat nopeasti altistuessaan ilmakehälle mutta tutkijat onnistuivat syntetisoimaan neliösenttimetrin kokoisia boorilla seostettuja grafeeniarkkeja.

Tämä monitieteinen tutkimus pohjustaa tietä uusille erittäin herkille kaasuantureille ja tekniikan edelleen kehittäminen saattaa rikkoa osa per kvadriljoonan (ppq) tason toteamisrajan, mikä on kuusi kertaluokkaa suurempi herkkyys kuin nykyisillä alan parhailla antureilla.

BIOLOGISET ANTURIT

Bioanturit ovat antureita, jotka reagoivat tutkittavaan yhdisteeseen eli analyyttiin. Tällaiseen perinteiseen anturimittaukseen kuuluu biologinen komponentti sekä sähkökemiallinen osa, joka muuttaa hapettumis-pelkistymisreaktiossa syntyvän elektronien liikkeen mitattavaksi sähkövirraksi.

Uudenlaiset matriisimaiset bioanturit tunnistavat näytteen molekyylit DNA:n tai vasta-aineiden perusteella. Ne ovat erityisen tärkeitä esimerkiksi erilaisten sairauksien tunnistamisessa, koska mahdollistavat tulevaisuudessa lähes välittömät terveysasemalla tehtävät diagnoosit ilman, että verinäytteitä tarvitsee lähettää laboratorioon analyysia varten.

Tunnistavia matriisiantureita voidaan valmistaa monillakin nanoteknisien menetelmien avulla mutta nimenomaan uudet kaksiulotteiset materiaalit ovat tälle sektorille erityisen lupaavia.

Anturi hien analysointiin

Kehon eritteitä on käytetty iät ja ajat terveyden seurantaan ja nanotekniikka tulee tarjoamaan tähänkin aivan uusia mahdollisuuksia.

Berkeleyn insinöörit ovat kehittäneet täysin integroidun sähköisen järjestelmän, joka voi tarjota jatkuvaa, kehoon tunkeutumatonta (ei-invasiivista) seurantaa useista hien biokemikaaleista.

Kehitys avaa ovia puettaville laitteille, jotka ilmoittavat käyttäjille terveysongelmista, kuten väsymys, nestehukka ja vaarallisen korkeat kehon lämpötilat.

Ihmisen hiki sisältää fysiologisesti rikasta informaatiota mutta se on monimutkainen seos, josta on tarpeen mitata useita aineita, jotta siitä voi poimia mielekästä tietoa terveydentilasta.

Tutkimusryhmän kehittämä prototyyppi paketoi viisi anturia joustavalle piirilevylle ja ne mittaavat aineenvaihdunnan glukoosia ja laktaattia, elektrolyyttejä natriumia ja kaliumia sekä ihon lämpötilaa.

Kehon sisäinen anturi

Ihmisen kehoon on asennettu jo pitkään erilaisia aktiivisia implantteja kuten sydämentahdistimia. Vuosikymmenien mittaan nekin ovat kehittyneet laitteiksi, jotka tekevät aiheeseen liittyviä mittauksia ja säätöjä.

Monilla erilaisissa lääkinnällisissä hoidoissa haluttaisiin mitata lääkkeen annostelun vaikutusta. Esimerkiksi veriarvoista, joista hoitohenkilökunta luo tilannekuvan voi olla laboratoriossa käytyään jo monta tuntia tai jopa päivän vanha.

17

Sveitsiläisen EPFL:n (Ecole Polytechnique Federale de Lausanne) tutkijat ovat kehittäneet bioanturin, joka voi kehon sisällä ollessa havaita monia molekyylejä. Laite saa käyttötehonsa kehon ulkopuolelta induktion kautta ja siinä on myös radioyhteys kehon ulkopuolelle. Näin se voi tehdä kehon sisäisiä analyysejä jatkuvatoimisesti ja lähettää tietoa ulos niin pitkään kuin on tarpeen.

Kyseessä oli vuonna 2015 maailman ensimmäinen anturipaketti, joka kykenee mittaamaan pH:ta ja lämpötilaa mutta myös aineenvaihduntaan liittyviä molekyylejä, kuten glukoosia, laktaattia ja kolesterolia sekä lääkkeitä.

Jos implantin tai anturin on oltava kehossa syvemmällä, edellä esitelty induktioon perustuva tehonsiirto ei toimi.

Columbia Engineering korkeakoulun tutkijat valjastivat ensimmäisinä elävien järjestelmien molekyylikoneiston eli ATP:n antamaan tehoa integroidulle piirille. ATP:llä (adenosiinitrifosfaatti) on tärkeä osa solujen energiataloudessa. Sitä käytetään elimistöissä energian siirtoon ja lyhytaikaiseen varastointiin.

Tutkijat onnistuivat saamaan tämän prosessin tuottamaan käyttöenergiaa tavanomaiselle CMOS-piirille, joten temppu avaa tien luoda kokonaan uusia keinotekoisia järjestelmiä, jotka sisältävät sekä biologisia että kiinteäaineisia komponentteja.

Elimistöön sulavia antureita
Kehossa biohajoavaa elektroniikkaa on kehitelty jo pitkään mutta niille on löydetty muitakin sovellusalueita. Lääketieteen implantteina ne toimisivat aikansa ja liukenevat sitten kehon nesteisiin.

Toinen käyttöalue voisi olla ympäristömittauksen anturit, jotka sitten aikanaan hajoavat maastoon ilman ekologista vaikutusta. Kolmas sovellusalue voisi olla kulutuselektroniikan usein päivitettävät osakomponentit, jotka kompostoituvina vähentävät elektroniikan jätevirtaa.

Uusin kehitystyö on luonut pienen ja ohuen bioanturin, joka voi seurata painetta ja lämpötilaa kallon sisällä ja sitten sulaa pois kun sitä ei enää tarvita. Näin aivokirurgiassa vältetään ylimääräiset leikkaukset kallon sisäisten valvontalaitteiden poistamiseksi.

Ratkaisu perustuu magnesiumkalvoista luotuihin MEMS-paineantureihin sekä lämpöanturi ja muu tekniikka ohuisiin lehtisiin nanohuokoista piitä. Molemmat materiaalit ovat luonnostaan biohajoavia.

Sinänsä homma toimii myös toisin päin. Tel Avivin yliopiston tutkijat ovat rakentaneet biohajoavia transistoreita tiettyihin perusmateriaaleihin liitetystä verestä, maidosta ja limasta. Kyseistä rakennetta voi edelleen kehitettynä käyttää vaikkapa bioanturina, sillä veriproteiini kykenee absorboimaan happea.

Sydän sykkii mikrosirulla
Berkeley biotekniikan professori Kevin Healyn johtama tutkimustyö on tuottanut mikrosirulle sydämen lihassolujen sykkivän verkoston, joka mallintaa ihmisen sydämen kudosta.

Tällainen ja Seoulin yliopistossa kehitetty vastaava luuston kehittymistä matkiva organ-on-a-chip -tekniikka ovat edistysaskeleita kehittää tarkkoja ja nopeita testausmenetelmiä lääkkeille. Viime kädessä ne voisivat korvata koe-eläinten käytön seulottaessa lääkkeiden turvallisuutta ja tehokkuutta.

Sydämen lihassolun toimintaa sirulla seurattiin videokameran ja kuvankäsittelyn avulla. Kun sykkivään soluun annettiin vaikuttaa tietty sykenopeutta hillitsevä lääke, sirulla oleva sydänsolu hidasti vauhtiaan juuri niin kuin oikeakin sydän tekisi.

Tämän alan uusin saavutus on tuottaa tällainen mikrofysiologisinen järjestelmä kolmiulotteisella tulostustekniikalla. Tämä Harvardin yliopistossa kehitetty tekniikka mahdollistaa samalla myös antureiden sijoittamisen elinkammioon, jolloin elimen toimintaa voidaan seurata ilman kalliita kameraratkaisuja.

ELEKTRONISET NENÄT JA KIELET

Viinin maistajat

Useista erilaisista antureista koostuvilla elektronisilla nenäjärjestelmillä haistellaan nykyään muun muassa taistelukaasuja ja hedelmien kypsyyttä.

Espanjalaisten Universitat Politècnica de Valencia ja Valencia Rosendahl Torre Orian tukijat ovat puolestaan kehittäneet elektronisen kielen viinirypäleiden kypsyyden testaamiseen.

He testasivat kahdeksan erilaisen viinirypäleiden maturiteettiä (Macabeo, Chardonnay, Pinot Noir, Cabernet Sauvignon, Shyrah, Merlot ja Bobal). Mittaus tehtiin useilla paikkakunnilla ja niissä havaittiin hyviä korrelaatiota kielen vasteen ja perinteisten analysointitestien parametrien välillä: hedelmien happamuudessa ja sokerin määrässä.

Tulokset vahvistavat näiden laitteiden hyödyllisyyttä arvioida rypäleen kypsyyttä ja sopivaa korjuun ajankohtaa. Menetelmän tärkeimmät edut ovat, että kehitetyt kielet ovat halpoja ja niihin perustuvat mittauslaitteet olisivat kentällä mukana kulkevia.

Elektroninen kieli saattaa jonain päivänä maistaa myös ruokia ja muita juomia laaduntarkastuksessa ennen kuin ne menevät jakeluun kaupan hyllyille. Tai se voi joskus seurata veden epäpuhtauksia tai testata verestä taudin oireita.

Espanjalaisten mittausmenetelmä perustui voltametriaan, eli näytteessä jännitteen ja ajan tuottamaan ilmiöön. Kyseessä on sähköanalyyttinen metodi, jota nykyään käytetään analyyttisessä kemiassa ja erilaisissa teollisuusprosesseissa.

Espanjalaisten kehittämän mittausmenetelmän keskeisin osa perustuu erilaisiin mittaustuloksista johdettuihin malleihin, joihin sitten saatua mittausdataa voidaan verrata ja tietotekniikka kertoo sitten malleihin perustuen lopullisen tuloksen.

Kone haistaa paremmin kuin oikea nenä?
Myös miniaturisoidut elektroniset "nenät" tarjoavat kiehtovia näkymiä, kuten uloshengitysilman analyysi ja ympäristön ilmanlaadun valvonta. Sellaisia tutkitaan toteuttavaksi muun muassa nanopalkkitekniikkaan perustuen.

Illinoisin Chicagon yliopiston tutkijat löysivät puolestaan tasomaisista grafeenikiteistä vikakohtia, joiden avulla he pystyivät tehostamaan kaasumolekyylien absorbtioherkkyyttä 300-kertaisesti ehjään rakenteeseen verrattuna.

Näin herkästä kemiallisesta anturista voisi luoda luotettavan ja vakaan "elektronisen nenän", joka saattaa havaita jopa yksittäisiä kaasumolekyylejä.

Manchesterin yliopiston ja italialaisen University of Barin tutkijat ovat puolestaan keksineet tavan luoda antureita, jotka voivat antaa koneiden haistaa paremmin kuin ihmiset.

Jokaisella tuoksulla on oma erityinen malli, jonka nenämme pystyvät tunnistamaan. Käyttämällä proteiinien yhdistelmää, jotka on kytketty transistoreihin, koneet pystyvät ensimmäistä kertaa erottamaan hajuja, jotka ovat peilikuvia toisistaan.

Tutkimustyössä luotiin bioanturi, joka hyödyntää hajusteita sitovia proteiineja. Sellaisia löytyy nenän limasta, jossa ne toimivat hajureseptorina. Ryhmä löysi tavan valmistaa (kenties .. ?) näitä proteiineja sellaisia määriä, että niitä voitaisiin käyttää biosensoreissa.

Nanotekninen koiran nenä
Vuonna 2012 University of Californian, Santa Barbaran tutkijat saivat aikaan ilmaisimen, joka hyödyntää nanoteknologiaa matkiakseen koiran tuoksureseptoreiden mekanismia.

Tutkijoiden kehittämällä laitteella on vähintään yhtä hyvä herkkyys kuin koiran hajuaistilla. Laite voi havaita esimerkiksi ilmassa olevia TNT-pohjaisesta räjähteistä peräisin olevia kemiallisia molekyylejä. Se kykenee reaaliaikaisesti tunnistamaan tietyn tyyppisiä molekyylejä jopa alle miljoonasosan pitoisuuksina.

Koirien biologinen haistelumekanismi, joka imee ja sitten tiivistää ilmassa olevia molekyylejä hajuaistin limakerrokselle on inspiroinut tutkijoita. Kehitetty tekniikka yhdistääkin

mikrofluidistiikkaa ja Raman-spektroskopiaa (SERS)
keräämään ja tunnistamaan molekyylejä.

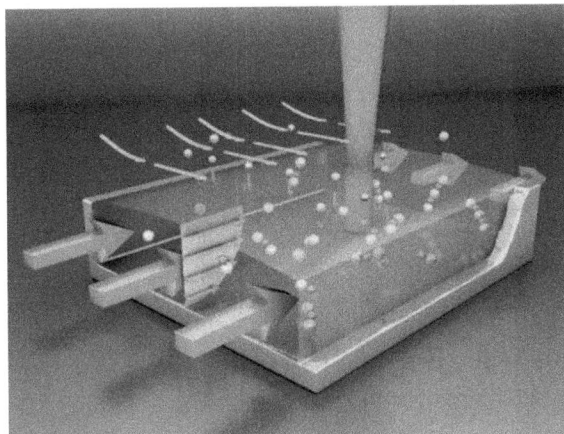

University of California - Santa Barbara

Mikrokanavaan imeytyneet molekyylit ovat vuorovaikutuksessa
nanopartikkeleiden kanssa, jotka laservalolla viritettynä
vahvistavat niiden ominaisspektriä. Erilaisten spektrien
tietokanta tunnistaa sitten millainen molekyyli on kyseessä.

Sovelluksina voisivat tulla kyseeseen esimerkiksi sairauksien
diagnosointi tai huumeiden ja pilaantuneiden elintarvikkeiden
havaitseminen.

Hengitysilman mittauksia CMOS-tekniikalla

Erilaisia sairauksia ja kehon tiloja, astmasta maksasairauteen
voidaan diagnosoida ja seurata nopeasti ja kivuttomasti
hengityksestä käyttämällä kaasujen tunnistusta.

Vaikka tässä kirjassa paneudutaankin innolla tulevaisuutta luotaaviin nanoteknisiin ratkaisuihin, on nykyisellä CMOS- ja piitekniikallakin vielä paljon annettavaa mittaustekniikan saralla. CMOS-tekniikka on nykyelektroniikan valtavirtaa ja siksi hyvin edullista.

Cambridgen yliopiston spin-out -yritys Cambridge CMOS Sensorsin (CCMOSS) kehittämä herkkä ja edullinen infrapunarakenne pystyy tunnistamaan yli 35 biomarkkeria uloshengitysilmasta.

Typen, hapen ja hiilidioksidin lisäksi me hengitämme ulos tuhansia kemiallisia yhdisteitä jokaisella hengenvedolla. Useimmat hengitysilman analysoinnin testit tukeutuvat massaspektrometriaan tai lasereihin. Nämä menetelmät voivat kuitenkin havaita vain rajallisen määrän yhdisteitä.

CCMOSS:n kehittämä tekniikka käyttää laajakaistaista infrapunasäteilyä (2 -14 µm) tehdäkseen havaintoja mahdollisimman monenlaisista biomarkkereista yhdessä laitteessa. Laitteen mikrolämmittimet voidaan lämmittää 700 °C:een sekunnin murto-osassa, mikä on riittävän korkea emittoimaan infrapunasäteilyä.

Infrapunan säteet imeytyvät eri tavoin eri molekyyleihin, joten menetelmää voidaan käyttää analysoimaan nesteitä ja kaasuja.

KONETEKNIIKKA JA NIIDEN AISTIT

Kone- ja laitetekniikka on yksi suurimpia anturien soveltajia. Yleensä niitä käytetään koneen tai vaikkapa robotin sisäisten toimintojen ohjailuun. Niissä anturit mittaavat etäisyyksiä, muodonmuutoksia, lämpötiloja ja prosessiteollisuudessa myös kaasujen, nesteiden ja vaikkapa rakeiden virtauksia.

Yksi esineiden internetin edelläkävijöitä on ollut koneiden käyttötuntien ja muu kulumista seuraava anturointi ja tämän tiedon kerääminen ja siirtäminen laitteen valmistajalle. Näin voidaan ennakoida koneen vaatimia huoltotehtäviä.

Aikoinaan kerätyn tiedon siirtoon käytettiin tavanomaista puhelintekniikkaa modeemeineen, sitten siirryttiin GSM-moduuleihin ja nyt aihetta markkinoidaan Internet of Things – teemalla.

Pehmeitä venymäliuskoja

Venymäliuskat ovat laajalti käytettyjä muodonmuutosten mittalaitteita. Mittaus perustuu nimensä mukaisesti jonkin tietyn aineen venyessä tapahtuvaan resistanssin eli sähköisen vastuksen muutokseen.

Venymäliuska liimataan esimerkiksi metallin pintaan, jolloin voidaan tutkia sen rasituksessa tapahtuvia muodonmuutoksia. Niitä käytetään esimerkiksi teollisuudessa punnitusmittauksiin.

Metallikalvoista valmistetut perinteiset venymäanturit eivät voi kuitenkaan mitata yli yhden prosentin muodonmuutosta ennen murtumistaan.

Vuonna 2014 Purduen yliopiston tutkijat kehittivät tekniikan upottaa gallium-indium nesteseoslinjoja kumimaisen polymeerin sisälle ja muodostaa näin uudenlaisia venymäliuska-antureita.

Menetelmän avulla voidaan valmistaa joustavasta materiaalista ja sulametalleista joustavia rakenteita esimerkiksi robotiikkasovelluksiin, lääkinnällisiin laitteisiin ja kulutuselektroniikkaan.

Pehmeä venymäanturi voisi mitata materiaalin venytystä sataan prosenttiin asti materiaalin venymästä.

Pienempiä omavoimaisia antureita

Muun muassa sotilaskäyttöön on kehitetty ympäristöön kylvettäviä pieniä omavoimaisia antureita, jotka sopivan radiotekniikan ja verkottumisen avulla siirtävät tietoa haluttuun kohteeseen. Tyypillisesti ne käyttävät toimintansa vaatiman energian tuottamiseen aurinkokennoja ja akkuja.

Michigan State Universityssä (MSU) on kehitetty omavoimaisia antureita, jotka voivat itsenäisesti aistia, käsitellä tietoa ja tallentaa kumulatiivista tilastoja venymämuutoksista, ilman akkuja.

Uudenlainen anturitekniikka perustuu löytöön erikoisesta yhteydestä flash-muistien fysiikan ja mekaanista rasitusta energiaksi muuntavien fyysisten laitteiden välillä.

Se johti pietsosähköisyyteen liittyvään innovaatioon (piezoelectricity-driven hot electron injection, p-IHEI). Sen myötä oman käyttöenergiansa kerääviä antureita voidaan radikaalisti pienentää.

Nykyään sellaiset vaativat anturin tueksi energiaa keräävää ja varastoivaa sekä tiedonsiirtoon liittyvää tekniikkaa. Tällaisia anturijärjestelmiä käytetään esimerkiksi siltojen, rakennusten ja suurten teknisten laitteiden pitkäaikaisessa kunnon seurannassa.

Tekniikkaa markkinoidaan jo MSU Technologies Office kautta muodostetun Piezonix start-up yrityksen kautta. http://piezonix.com/

Lämpötilan mittauksia nanorakenteista

Lämmönhallinta on elektroniikkateollisuuden yksi keskeisiä ongelmia. Ei kuitenkaan ole olemassa niin pieniä antureita, etteikö se häiritsi mikropiirien yksittäisen transistorin lämpötilan mittausta.

Mittaustekniikan yksi perusasioista on, että mittauslaite ei saa häiritä mitattavaa kohdetta. Tavallisella kuumemittarilla voidaan isompaa virhettä tekemättä mitata ihmisen kehon lämpötilaa mutta ei nuppineulan kärjen lämpötilaa.

Kosketuksettomalla mittauksella tätä ongelmaa voidaan kiertää. Myös Kalifornian (UCLA) yliopiston tutkijat päättivät luopua koettimesta. Kaikki materiaalit muuttavat tilavuuttaan lämpötilasta riippuen. Näin materiaalin lämpötila voidaan määrittää tarkasti mittaamalla sen tiheys.

Mittauksessa ryhmä suuntasi TEM-mikroskoopin säteen alumiiniin, mikä tuotti siihen plasmonien varausvärähtelyn, joiden on jo kauan tiedetty riippuvan materiaalin tiheydestä, mutta aiemmin niitä ei ole analysoitu tarpeeksi huolellisesti käytettäväksi lämpötilan mittaukseen.

TEM:iä ja EELS-spektroskopiaa käyttäen, ryhmä pystyi määrittämään alumiinin plasmonien energian ja näin tarkasti määrittämään sen lämpötilan nanometrien erottelukyvyllä.

Edullisia energiateknisiä antureita

Yhdysvaltain energiaministeriön Oak Ridge National Laboratoryn (ORNL) tutkijat ovat kehitelleet edullista langatonta anturitekniikkaa, joiden avulla voitaisiin parantaa rakennuksien energiatehokkuutta.

Idea on, että nykyistä edullisemmilla langattomilla antureilla voitaisiin rakennusten ilmastoinnin ja lämmityksen ohjausjärjestelmille tuottaa enemmän informaatiota ja näin saavuttaa tarkempi energiatekninen säätö.

Laajemman informaation tuottamiseksi tarvittaisiin monipuolista anturointia esimerkiksi hiilidioksidin määrästä mutta nykypäivän anturit ovat varsin kalliita.

ORNL:n kehittämä langaton anturi prototyyppi voisi pudottaa kustannuksia 1-10 dollariin per anturi hyödyntämällä kehittyneitä valmistustekniikoita kuten ainetta lisäävää rullalta rullalle valmistusta.

Tämä prosessi mahdollistaa elektroniikan komponenttien kuten anturien, antennien ja aurinkokennojen ja akkujen tulostuksen taipuisille perusmateriaaleille. Tällaiset anturisolmut voidaan asentaa ilman johdotusta ja liimataustaisena vain lätkäistä seinälle.

MAGNEETTIKENTTIEN ANTUREITA

Magnetismia ja muovia ei hevin kuvittelisi liittyvän toisiinsa mutta Utahin yliopiston fyysikoiden johdolla on kehitetty erittäin halpa mutta tarkka muovinen magneettikentän anturi.

Tämän spintroniikkaan perustuvan anturin perustana on pohjimmiltaan muovimaali eli orgaanisen puolijohdepolymeerin ohutkalvo nimeltään MEH-PPV.

Materiaali sisältää negatiivisesti varattuja elektroneja ja positiivisia aukkoja, jotka vaihtavat spininsä yhden- tai erisuuntaisiksi magneettikentän resonoidessa puolijohdemaalin syötetyn muuttuvan radiotaajuuden kanssa. Anturina sen toiminta perustuu magneettiseen resonanssiin, jossa spinit reagoivat kun radioaaltojen taajuus reagoi magneettikentän kanssa jolloin spinien muutos tuottaa mitattavan herätteen.

Tämä uusi magnetometri voi havaita magneettikenttiä jotka ovat tuhat kertaa heikompia kuin Maan magneettikenttä ja toisaalta kymmeniä tuhansia kertoja vahvempia. Magneettikentän lukuun ne tarvitsevat aikaa muutaman sekunnin.

Tutkijoiden mukaan uudenlainen magnetometri kestää myös lämpöä ja materiaalin ikääntymistä ja toimii huoneenlämmössä eikä sitä tarvitse koskaan kalibroida.

Lämpötilamittauksia timantin avulla

Typpivakanssi on vika timantin atomirakenteessa, jossa yksi timantin hiiliatomi on korvautunut typpiatomilla jolloin viereinen paikka jää auki ja sen ympärille jää vapaita elektroneja.

Tällaiset timantin vikakohtien spinit ovatkin nousseet viime vuosina lupaavaksi ehdokkaaksi nanomittakaavan magneetti- ja sähkökenttien aistijoiksi.

Jo vuonna 2013 Chicagon yliopiston tutkimusryhmä kehitti aiheesta myös lämpömittarin, joka perustui spinistä riippuvaan fotoluminenssiin timantin typpivakanssikeskuksessa.

Tutkijoiden tavoitteena on jatkossa kehittää kvanttifysiikkaan perustuva anturi, jolla voisi mitata magneetti- ja sähkökenttien lisäksi myös lämpötilaa.

Solujen sisäisiä mittauksia
Tällaisia typpivakanssikeskuksia voisi hyödyntää myös molekyylimittakaavan magneettisissa ja lämpötilan antureissa.

Äärimmäisen pieniin timantteihin liittyneenä typpivakansseja voitaisiin sijoittaa jopa yksittäisien solujen sisälle toimimaan biologisina koettimina ja antureina, koska ne ovat myrkyttömiä ja valon suhteen vakaita.

Myös eräs espanjalais-australialainen tutkijaryhmä on kehittänyt timanttisen tekniikan, jolla on kyky skannata yksittäisiä soluja samaan tapaan kuin nykyisellä MRI:llä mutta paljon suuremmalla resoluutiolla ja herkkyydellä.

MRI-tekniikka rekisteröi atomiytimen magneettikenttiä kehossamme kun niitä on ensin härnätty ulkoisella sähkömagneettisella kentällä. Kaikkien atomien kollektiivisen vasteen avulla on mahdollista diagnosoida ja seurata tiettyjen sairauksien kehitystä.

Tämän perinteisen tekniikan resoluutio on millimetrien luokkaa mutta uusi tekniikka parantaa resoluutiota nanometrien mittoihin, jolloin on mahdollista mitata erittäin heikkoja magneettikenttiä kuten sellaisia joita syntyy biologisissa molekyyleissä.

MIKRO- JA NANOPALKIT

Erilaiset mikro- ja nanopalkit ovat mikropiiritekniikan ohessa syntyneitä mikromekaanisia laiterakenteita. Palkit ja ulokkeet ovat toisesta päästään kiinni rakenteissa ja mutta muuten vapaasti liikkuvia.

Palkin liikkeitä mitaten saadaan selville esimerkiksi kiihtyvyysvoimia. Tyypillisimpiä tähän tekniikkaan perustuvia antureita ovat autojen törmäyksen tunnistuksessa käytetyt turvatyynyt laukaisevat MEMS-anturit. Samaa menetelmää käytetään myös muun muassa kännyköiden ja peliohjaimien asentoantureissa.

Toinen tapa hyödyntää palkkeja on saattaa ne värähtelemään ja antaa jonkin ympäristötekijän vaikuttaa palkkiin.

Monissa mittauksissa mikropalkki värähtelee resonanssitaajuudellaan ja kun jokin partikkeli laskeutuu mikropalkille se paljastaa hiukkasen läsnäolon ja mahdollisesti sen massan ja koostumuksen.

Tarkkoja kaasumittauksia mikropalkeilla
Purdue Universityn tutkijat selvittivät jokunen vuosi sitten kuinka parantaa pienten värähtelevien mikroulokepalkkiin perustuvien anturien suorituskykyä havaita kemiallisia ja biologisia aineita.

Aiempaa pienempien antureiden tekeminen oli tullut yhä
vaikeammaksi koska taajuuden muutoksen mittaustapa ei
toimi kovin hyvin, kun anturipalkin koko pienenee.

Vijay Kumar, Birck Nanotechnology Center, Purdue University

Purduen tutkijat kiersivät ongelman mittaamalla taajuuden
sijaan amplitudia eli sitä kuinka laajasti mikropalkki liikkuu.
Amplitudin avulla mittaaminen on paljon helpompaa kuin
taajuuden avulla koska se muuttuu dramaattisesti, kun
hiukkanen laskeutuu mikro- tai nanopalkille, kun taas
taajuuden muutos on minimaalista.

Uuden lähestymistavan avulla voidaan rakentaa antureita,
joilla voidaan mitata hiukkasia, joiden massa on pienempi kuin
yksi pikogramma. Mittaus voidaan tehdä huonelämpötilassa ja
ilmakehän paineessa.

Tällaisille mittausratkaisuille löytyy käyttöä hengitysilman
analysaattoreissa, teollisuudessa ja elintarvikkeiden
jalostuksessa sekä ruoan ja veden laadun seurannassa.

Nanopalkit

Mikropalkkien seuraava vaihe on nanomittaiset palkit tai ulokkeet. Ne ovat osoittautumassa erittäin herkiksi mitta-antureiksi. Niiden avulla eräät tutkijat yrittävät jopa ymmärtää miten antibiootit toimivat.

Sveitsiläisen EPFL:n (Ecole Polytechnique Federale de Lausanne) tutkijat kehittivät niihin tukeutuen vuonna 2014 erittäin herkän mutta yksinkertainen liiketunnistimen. Järjestelmä kykenee havaitsemaan bakteereita, hiivaa ja jopa syöpäsoluja.

Nanopalkin ulokkeelle mahtuu noin 500 bakteeria ja kaikki elämä on liikettä. Jopa pienet mikro-organismit värähtelevät (piereskelevät?) aineenvaihduntansa seurauksena. Nanopalkki tunnistaa nämä vaihtelut ja niiden ominaispiirteet voidaan liittää tiettyihin yksilöihin.

Tämä tekniikka ei mittaa elämän kemiallista reaktiota, mikä vaatisi etukäteistä tietoa niiden aineenvaihdunnasta. Sen sijaan, se seuraa sitä minkälaisia fyysisiä ilmentymiä mikro-organismien aineenvaihdunnalla voi olla.

Menetelmä onkin harkittavana lääkkeiden pikatestimarkkinoille mutta myös havaitsemaan mahdollista maapallon ulkopuolista elämää.

Ehkä enemmän välittömiä sovelluksia ulokejärjestelmälle olisi lääkkeiden kehityksessä. Suurempi joukko ulokkeita voitaisiin peittää bakteereilla tai syöpäsoluilla ja saattaa ne erilaisien lääkeaineiden vaikutuksen alle.

Jos lääkkeet tehoavat kiinnittyneisiin soluihin, liikesignaalit vähenisivät tai loppuisivat kokonaan, koska solut kuolevat pois. Tämä lähestymistapa olisi huomattavasti nopeampi kuin lääketeollisuuden nykyisin käyttämät menetelmät niiden etsiessä tehokkaita antibiootteja tai syöpälääkkeitä.

OPTISET ANTURIT

Optisen mittaustekniikan puolella on viime vuosina tapahtunut merkittävää miniaturisointia sillä MOEMS-tekniikka on tuonut optiset mittalaitteet mikropiirikokoon. Näin niitä on voitu siirtää laboratorioista kentälle tai teollisuuskäyttöön ja jatkossa aina kuluttajille saakka.

Tällä sektorilla kotimainen VTT on kehittänyt Fabry-Perot interferometrin (FPI), joka on viritettävä optinen suodin, mikä mahdollistaa spektrometrien miniaturisoinnin pieniin käsikäyttöisiin laitteisiin.

Optisen MEMS-tekniikan ohella siinä hyödynnetään pietsosähköistä toimilaitetta suodattimen säädössä. Tämä mahdollistaa yhden valolähteen käytön laajemmin erilaisissa mittaustehtävissä kuin perinteisissä ratkaisuissa.

VTT:n spin off -yhtiö Spectral Engines Oy on VTT:n tekniikkaan tukeutuen toteuttanut spektrometrejä, jotka kattavat lähi-infrapunan alueen 1,7 mikrometristä alkaen aina 4,3 mikrometriin.

VTT on kehittänyt myös FPI-laitteita näkyvän valon ja lähi-infrapuna väliselle aallonpituusalueelle, jolla on mahdollisuus käyttää edullisia piipohjaisia ilmaisimia. Tällä alueella toimien anturilaitteet voivat tarjota tunnistuksen mahdollisuuksia terveydenhuollon eri sovelluksiin, kuten ihosyöpä, tähystys, kudoksen happisaturaatio ja analysointia esimerkiksi hampaista, ihosta ja suonista.

Herkkiä optisia ilmaisimia

Kesällä 2014 Manchesterin ja Southamptonin yliopistojen tutkijat osoittivat, että grafeeni voisi mahdollistaa myös erittäin herkät fotoniikkapohjaiset kemialliset anturit ja valoilmaisimet.

Grafeeni on houkutteleva materiaali käytettäväksi optisissa ilmaisimissa koska se imee valoa keski-infrapunasta ultravioletteihin aallonpituuksiin lähes yhtä vahvasti. Siten sen ajateltiin sopivan myös lämpösäteilyn mittauslaitteisiin eli bolometreihin.

Kuitenkaan grafeeni ei sellaisenaan toiminutkaan lämpösäteilyn anturina vaan tutkijat ovat joutuneet kehittämään tarkoitukseen paremmin sopivan kaksikerroksisen grafeenianturin.

Sellaisella onkin sitten saavutettu monta kertaa perinteisiä laitteita pienempiä kohina-arvoja sekä kolmesta viiteen kertaluokkaa parempia nopeuksia kuin kaupallisissa piibolometreissa ja suprajohtavuuteen perustuvissa antureiden laitteissa.

Bolometrin toiminta perustuu säteilylämmöstä johtuvan resistanssimuutoksen mittaukseen. Sitä voidaan käyttää esimerkiksi spektriviivojen ja tähtien säteilyn mittaamiseen

Ei savua ilman tulta

Vuoden 2014 alussa Northwestern Universityn tutkijat esittelivät kehittämänsä kvanttihyötysuhteeltaan maailman tehokkaimman (89 %) ultravioletin (UV) valoilmaisimen.

Saavutukseen päästiin muokkaamalla alalla jo käytettyä vahvan alumiinikoostumuksen AlxGa1-xN - puolijohderakennetta. Sellaiset lämmönlähteet, kuten liekit, suihkumoottorit tai ohjuksen häntä säteilevät valoa spektrinsä UV-osalla ja ne voidaan helposti havaita alle 290 nanometrin aallonpituuksilla koska ei ole olemassa vastaavaa maanpäällistä taustaa.

Seuraavana vuonna University of Surrey Advanced Technology Instituten tutkijat muokkasivat sinkkioksidia ja tuottivat nanolankoja joista rakentuva ultravioletin valoilmaisin on 10 000 kertaa herkempi UV-valolle kuin perinteinen sinkkioksidi-ilmaisin.

Nykyiset optiset savuanturit havaitsevat suurimpia savuhiukkasia, joita löytyy tiheästä savusta, mutta ne eivät ole yhtä herkkiä pienille savuhiukkasille joita esiintyy nopeassa tulipalossa.

LASER

Monipuolinen laser

Laser on näppärä apuväline moneen tarkoitukseen. Sitä käytetään muun muassa materiaalien lämmittämiseen ja jäähdyttämiseen mutta sitä voi käyttää myös monenlaisissa mittauksissa ja analysoinneissa.

Laserilla tapahtuvat tutkailut perustuvat sen yksiväriseen valoon. Etäisyyksiä mitataan valon heijastumaan ja kulkuaikaan perustuen. Muun muassa kuun ratamittauksia on tehty senttimetrien tarkkuudella.

Periaatteessa jopa ilma voi toimia laserina. Lasersäde sihdattuna ilmakehään, pumppulaserilla avustettuna voi potentiaalisesti stimuloida ilmaa laseroitumaan.

Tällaiselle voisi olla monenlaisia sovelluksia. Käytetyt valon aallonpituudet antaisivat tietoa ilmassa olevista molekyyleistä ja kyky analysoida ilman kemiallinen koostumus olisi omiaan etsittäessä jälkiä räjähteistä lentoasemalla tai tunnistamaan epäpuhtauksia ympäristötutkimuksissa.

Laservalon avulla tapahtuvassa analysoinneissa puolestaan seurataan yleensä valon eri spektrin osien absorboitumista ja/tai heijastumista.

Säteilytettäessä ihoa, ruokaa ja muita orgaanisia materiaaleja infrapunavalolla, materiaalin molekyylit alkavat värähdellä. Mittaamalla aallonpituuksia joissa valo absorboituu materiaaliin ja vertaamalla sitä mitattuihin värähtelyihin, tutkijat voivat määrittää tarkasti, mitkä molekyylit ovat läsnä kyseisessä materiaalissa.

Kemikaalien sormenjäljet

Lähes kaikki kemikaalit, mukaan lukien räjähteet ja teollisuusjätteet, absorboivat voimakkaasti valoa keski-infrapunan aallonpituusalueella (3 – 7 µm). Tätä aluetta kutsutaankin usein kemikaalien "sormenjälkien alueeksi".

Mutta tällä alueella toimivilla lasereilla on rajoituksia. Suuremmat, optisesti pumpatut laserit ovat kovin monimutkaisia kentällä käytettäväksi mutta kompakteilla ja kevyillä diodilasereilla on taas rajallinen spektrialue.

Northwestern yliopiston Center for Quantum Devices on käyttänyt muun muassa kvanttimekaanista suunnittelua luodessaan laserdiodin, johon on integroitu useita aallonpituuden emittereitä yhteen laitteeseen.

Se kykenee emittoimaan laajakaistaisia aallonpituuksia tarpeen mukaan ja toimii huonelämmössä. Se voi säteillä valoa taajuuksilla +/- 30 prosenttia laserin keskitaajuudesta. Rakenteesta voi valita käyttöönsä minkä tahansa taajuuden termisen infrapunan aallonpituusalueelta 5,9 - 10,9 mikrometriä (µm).

Laserien käyttö monipuolistuu

Northwestern Engineering yliopiston tutkijaryhmä on kehittänyt laseria yhä helpommaksi ja monipuolisemmaksi laitteeksi integroimalla keski-infrapunan sähköisesti viritettävän laserin samalle sirulle vahvistimen kanssa.

Tämä läpimurto mahdollistaa aallonpituudeltaan nopeasti säädettävän ulostulon, modulaattorien ja vahvistimien sisällyttämisen samaan pakettiin. Tällaisen rakenteen avulla laser antaa suuruusluokan verran enemmän lähtötehoa kuin edeltäjänsä ja viritysaluetta on parannettu kaksinkertaiseksi.

Koska uusi järjestelmä on erittäin suuntaava, suurta antotehoa voidaan käyttää tehokkaammin, mikä mahdollistaa paremmat valmiudet havaita kemikaaleja. Se mahdollistaa myös sovellukset joissa henkilöstö voi olla fyysisesti etäällä mahdollisesti vaarallisesta ympäristöstä.

Viruksen kokoisia lasereita

Keväällä 2012 Northwestern Universityssä toiminut tutkimusryhmä oli löytänyt tavan valmistaa laserlaitteita, joiden koko on viruspartikkelin luokkaa ja jotka toimivat huoneen lämpötilassa.

Tutkijoiden mukaan nämä plasmoniset nanolaserit voidaan helposti integroida piipohjaisiin fotoniikkalaitteisiin, täysoptisiin piireihin ja nanomittakaavan bioantureihin.

Tutkijat saattoivat valmistaa diffraktiota pienemmän nanolaserin rakentamalla laseroinnin ontelon metallisista nanohiukkasrakenteista, joilla on kolmiulotteinen "rusettimainen" muoto.

Tällaiset kullasta valmistetut nanorakenteet tukevat paikallisia pintaplasmoneja eli kollektiivista elektronioskillaatiota, jolla ei periaatteessa ole koon rajoituksia valon rajaamisen suhteen.

Plasmoniikka

Plasmoniikka on ilmiö, jolla valoa voidaan rajata sen diffraktiorajoja pienempiin mittoihin ja siten käyttää nykyisen ja tulevan mikropiiritekniikan mitoissa. Ilmiön esiin saaminen vaatii metallin ja eristeen välisen rajapinnan.

Aiemmin uskottiin, että vain kultaa ja hopeaa voitaisiin käyttää näissä metalli-eriste nanorakenteissa. Kuitenkin kullasta ja hopeasta on erittäin vaikeaa ja kallista tuottaa nanorakenteita.

Alkuvuodesta Moskova Institute of Physics and Technologyn (MIPT) tutkijat osoittivat, että myös kupariset nanorakenteet voivat toteuttaa plasmonisia ilmiöitä. Tutkijoiden mukaan kupari on yhtä hyvä kuin jalometallit mutta ennen kaikkea kupariset voidaan helposti toteuttaa integroiduissa piireissä alan standardeja valmistusprosesseja käyttäen.

Tutkijoiden mukaan nämä tutkimukset tarjoavat perustan käytännön kuparisille nanofotoniikan ja plasmoniikan komponenteille, joita aivan lähitulevaisuudessa voidaan käyttää luomaan ledejä, nanolasereita, erittäin herkkiä antureita ja muuntimia jopa mobiililaitteisiin sekä suorituskykyisiä optosähköisiä prosessoreita.

Nestemäinen nanolaser

Northwestern Universityn tutkijat ovat kehittäneet varsin erikoisen eli nestettä laseroivana väliaineena käyttävän nanomittakaavan plasmonilaserin.

Mikrokanavassa virtaavan nesteen ansiosta se on viritettävissä niin nopeasti kuin neste vaihtuu sillä kiinteitä vahvistusmateriaaleja käyttävien rakenteiden spektrialuetta ei valmistuksen jälkeen muuteta. Näin erikoinen ominaisuus voi olla hyödyllinen esimerkiksi lääketieteen "lab on chip" - diagnostiikan sovelluksissa.

Tutkijat toteuttivat nestettä vaihtamalla laserointia aallonpituuksilla välillä 860 - 910 nanometriä. Tutkijoiden mukaan tällainen laitteisto on jopa helpommin valmistettavissa kuin muunlaiset nanolaserit.

Terahertsitaajuuksilla tutkiminen

Terahertsien aallot olisivat erittäin hyödyllisiä tutkimuskäytössä sillä ne tunkeutuvat moniin materiaaleihin, jotka eivät läpäise näkyvää valoa ja ne sopivat havaitsemaan myös erilaisia molekyylejä.

Mutta riittävän tehokkaiden terahertsilähteiden puute jarruttaa kehitystä. Terahertsitaajuuksien säteilyä voidaan tuottaa muun muassa kvanttikaskadisilla lasereilla.

Ne koostuvat erilaisten puolijohdekerroksien ketjutetuista rakenteista. Vuonna 2013 Wienin teknillisen yliopiston (TU Wien) tutkijaryhmä saavutti tällaiselle laitteelle silloin ennätyksellisen yhden watin antotehon. Se on todella vähän verrattuna esimerkiksi hitsauskäytössä olevien lasereiden kymmenien kilowattien tai tutkimuslaitteiden megawattien tehoihin.

Kuitenkin kemiallisen ilmaisun lisäksi terahertsien säteilyä voidaan käyttää tarkkaan lääketieteellisen kuvantamiseen ja koska se ei ole ionisoivaa säteilyä, sen energian ollessa huomattavasti pienempi kuin röntgensäteilyn, joten se ei ole vaarallista.

Terahertsien säteilyn aallonpituus on alle millimetrin alueelle (välillä mikroaalto ja infrapuna) ja monet molekyylit absorboivat valoa tällä spektrin alueella hyvin tyypillisessä tavalla – niilläkin voidaan katsoa olevan tietty optinen sormenjälki.

Spiraalinen lasersäde

Australian National Universityn (ANU) fyysikot toteuttivat vuonna 2014 kierteisen lasersäteen ja ovat käyttäneet sitä luomaan hybridejä valo-aine hiukkasten pyörteitä eli polaritoneja.

41

Kyky hallita polaritonien virtaa tällä tavalla voisi tukea täysin uuden teknologian kehitystä joka yhdistää perinteisen elektroniikan uudenlaisiin laser- ja kuitupohjaisiin tekniikoihin.

Tutkijaryhmä loi kierresäteen laittamalla laserinsa messinkipalan läpi, jossa on spiraalinen aukkomuodostelma. Edelleen säde suunnattiin alumiini-gallium-arsenidi puolijohteen mikrokaviteettiin.

Tutkijoiden mukaan polaritonit luovat ikkunan kvanttimaailmaan ja niitä voisi käyttää myös kvantti-informaation kantajina.

Polaritonisia pyörteitä voidaan käyttää myös erittäin herkkinä sähkömagneettisten kenttien ilmaisimina, samanlaisia kuin SQUID:it (Superconducting QUantum Interference Devices).

Näitä SQUID-antureita käytetään esimerkiksi aivokuvauksissa mutta suprajohtavana se vaatii toimiakseen upottamista nestemäisen heliumin -270°C lämpötilaan. Myös SQUID-mittauspaikan on oltava magneettisesti suojattu huone: aivojen magneettikentät ovat suuruudeltaan usein pienempiä kuin sadasmiljoonasosa ympäröivästä maan magneettikentästä.

Metapinta mullistaa polarimetrit
Vaikka ihmissilmä ei ole erityisen herkkä polarisaatiolle, se on olennainen osa valon ominaisuutta. Kun valo heijastuu tai siroaa esineestä, sen polarisaatio muuttuu ja sitä mittaamalla selviää monia mielenkiintoisia asioita.

Esimerkiksi astrofyysikot käyttävät polarisaatiota analysoidakseen kaukaisten planeetoiden pintaa. Lääkevalmistajat käyttävät sironneen valon polarisaatiota määrittääkseen lääkemolekyylien kiraalisuutta ja pitoisuutta.

Vaikka polarimetrejä käytetään lähes kaikkialla, monet tällä hetkellä käytössä olevat polarimetrit ovat hitaita, kömpelöitä ja kalliita.

Harvardin teknisen SEAS-yliopiston ja Iceland Innovation Centerin tutkijat ovat rakentaneet polarimetrin mikrosirulle, mullistaen tämän laajalti käytetyn tieteellisen työkalun perustan. Mikrosirun kokoinen polarimetri tuo polarisaatiomittaukset ensimmäistä kertaa esimerkiksi kannettaviin mittalaitteisiin.

Tutkijaryhmä pystyi vähentämään merkittävästi polarimetrien monimutkaisuutta ja kokoa rakentamalla kaksiulotteisen metapinnan. Metapinta koostuu valon aallonpituutta pienempien metalliantennien ryhmityksestä ja polymeerikalvosta.

Pienen tehonkäytön polaritoni-laser

Laserin tehonkulutus on joissakin sovelluksissa ongelma. Vuonna 2014 Michiganin yliopiston tutkijat esittelivät käytännöllisen ja mahdollisesti tehokkaan tavan tehdä koherentti laserin tapainen valonsäde.

He toteuttivat polaritonilaserin, jota syötetään sähkövirralla. Tällaisten laitteiden ennustetaan olevan energiatehokkaampia kuin perinteiset laserit. Uusi prototyyppi vaati 250 kertaa vähemmän sähkötehoa kuin samasta materiaalista valmistettu tavanomainen vastineensa.

Teknisesti järjestelmä ei ole laser vaan se perustuu uudelle periaatteelle. Polaritonilaserit eivät stimuloi säteilyemissiota vaan polaritonien sirontaa. Ne eivät ole riippuvaisia laserin populaatioinversiosta, joten ne eivät tarvitse paljoakaan käynnistymisenergiaa virittääkseen ja pudottaakseen elektroneja.

Polaritonit ovat yhdistelmä fotonia ja eksitoni-viritystä, jotka fuusioituvat valohiukkasten kanssa oikeissa olosuhteissa, jolloin muodostuu polaritoneja. Ne sitten heijastuvat järjestelmässä kunnes pysähtyvät alimmalle energiantasolle, jossa ne hajoavat ja vapauttavat yksivärisen valonsäteen.

Polaritonilasereille löytyy käyttöä samoilla alueilla kuin lasereille nykyään, kuten optisen viestinnän alalla ja lääketieteen parissa leikkauksissa.

Spaseri hiilen avulla

Australialaisella Monash yliopistolla on mallinnettu maailman ensimmäinen spaser (surface plasmon amplification by stimulated emission of radiation), joka tehtiin kokonaan hiilestä.

Spaser on oikeastaan nanomittakaavan laser. Se emittoi valonsäteen vapaiden elektronien värähtelyjen kautta, eikä tilaa vievän sähkömagneettisen aallon emission kautta kuten perinteinen laser.

Tutkijoiden mukaan hiileen perustuva spaser-suunnitelma tarjoaisi monia etuja. Aiemmat spaserit on tehty kullan tai hopean nanohiukkasista ja puolijohde kvanttipisteistä kun taas Monashin laite koostui grafeenisesta resonaattorista ja hiilinanoputkisesta vahvistinelementistä.

Hiilen käyttö tarkoittaa, että spaser olisi vakaampi, joustava ja toimisi korkeissa lämpötiloissa.

Esitelty tutkimus osoitti myös ensimmäistä kertaa, että grafeeni ja hiilinanoputket voivat olla vuorovaikutuksessa keskenään ja siirtää energiaa toisiinsa valon kautta.

Laserkeilausta mikromitoilla

Laserkeilauksessa tarkasteltavan kohteen ja laserin välinen etäisyys mitataan tunnetulla nopeudella etenevän laserpulssin edestakaisen kulkuajan perusteella ja se liitetään laserkeilaimen asennon ja paikan tietoon.

Näin syntyy kolmiulotteinen mittauspistekartta kohteesta. Menetelmää käytetäänkin paljon maastojen ja rakennusten mittauksiin.

Esimerkiksi parhaillaan kehiteltävät itseohjautuvat autot käyttävät pääsensorinaan laserkeilainta. Vaikka niissä on monia muitakin tunnistimia ja tutkia, laserkeilain muodostaa periaatteessa näiden autojen "silmät".

Viime vuosikymmeninä tutkatekniikkaa on mullistanut elektronisesti vaiheistetut antennityhmät, jotka lähettävät radioaaltoja johonkin haluttuun suuntaan ilman mekaanista liikettä. Näin syntyy halutunlainen keilaus kuten esimerkiksi maantien suuntainen RF-kenttä matkapuhelimille.

RF-aaltojen tapaan samanlaista tekniikkaa voidaan käyttää myös lasereilla. Tällainen LADAR-järjestelmä tarjoaa tarkemmalla tasolla tietoja, joita voidaan käyttää esimerkiksi nopeassa lentokoneesta tapahtuvassa 3-D kartoituksessa.

DARPA:n tutkijat ovat saaneet aikaan mikrosirulle sopivan laserien vaiheryhmän, joka mitat ovat vain 576 x 576 mikrometriä ja sisältäen silti 4096 (64 x 64) nanoantennia.

Tällaisella sirulla voi olla sovelluksia biolääketieteen kuvantamisen, 3D- holografianäyttöjen ja ultranopean viestinnän parissa.

Laser tieteen palveluksessa

Huipputieteen tasolla lasereille tavoitellaan attosekuntien pituisia valopulsseja, jolloin päästäisiin kuvaamaan kemiallisissa prosesseissa liikkuvia elektroneja ja näin tekemään näistä tapahtumista liikkuvaa kuvaa.

Aineen sisäiset mitat ja siinä tapahtuvien muutosten edellyttämän energian suhteellinen koko liittyvät toisiinsa. Mitä pienemmillä mitoilla toimitaan, sitä suurempia energioita muutoksissa esiintyy.

Täten kaikkein pienimpienkin alkeishiukkasen sisälle katsomiseen tarvitaan jopa kilometrien kokoisia hiukkaskiihdyttimiä. Tällaisten hiukkaskiihdyttimien saaminen työpöydälle sopivaksi on ollut pitkään erikoisempia lasertekniikoita tutkivien tiedemiesten tavoitteena.

Uusimmissa saavutuksissa laseriin ja plasmaan perustuva tekniikka voi tukea kiihdyttävää sähkökenttää vähintään neljä suuruusluokkaa suuremmaksi kuin perinteinen tekniikka, mikä antaa toivoa, että hiukkaskiihdytin on jonain päivänä yleinen tieteellinen työkalu.

NANOTEKNIIKKAA

Antureita hiilinanoputkista

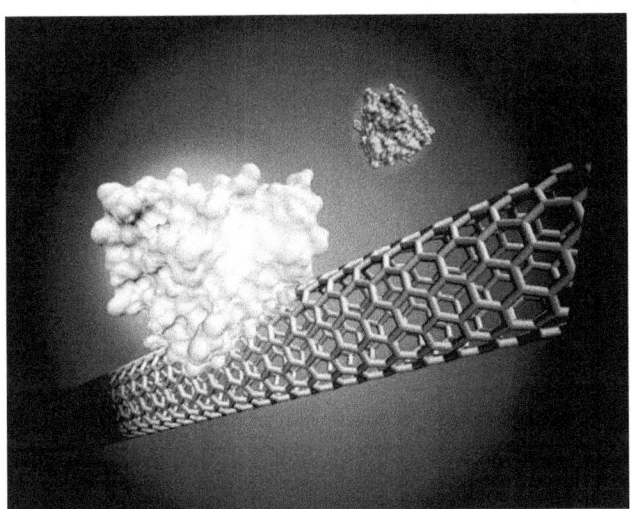

Oregon State University

Nanotekniikka mahdollistaa anturitekniikalle aivan uusia ulottuvuuksia. Tutkimustasolla liikutaan jo yksittäisien solujen, molekyylien ja elektronien varauksien tasolla. Mutta tuo nanotekniikka arkisempiinkin anturitarpeisiin uutta puhtia.

Nanotekniikan perustyöjuhtaa eli hiilinanoputkia hyödynnetään jo edullisina kaasuja tunnistavina antureina mutta niitä voidaan käyttää myös erilaisten molekyylien havaitsemiseen.

MIT:n tutkijat ovat edelleen kehittäneet niihin tukeutuen anturin, joka mittaa kehoon asennettuna sen sisäistä typpioksiditasoa. Typpioksidi on yksi elävien solujen tärkeimmistä signaalimolekyyleistä ja sitä pidetään hyvänä mittarina elimistön tilasta.

Anturit hyödyntävät nanoputken fluoresenssia eli valon vaikutusta kytkemällä ilmiön haluttuun aineeseen. Elimistössä olevaan anturiin suunnataan infrapunalaserin valoa ja takaisin heijastuva valo kuvaa tilannetta anturissa.

Typpioksidin havaitsemiseksi hiilinanoputki kiedotaan yhteen DNA:n kanssa. Tällainen anturirakenne voidaan muuntaa havaitsemaan myös muita molekyylejä, kuten glukoosia. Kokeissa hiiren nahan alle istutettu nanoputkianturi toimii yli vuoden ajan.

Infrapuna-anturi hiilinanoputkista
Infrapunaan perustuvat yönäkölaitteet tai infrapunalämpömittarit ja –kamerat ovat jo vakiintuneita mittauslaitteita mutta tällekin sektorille grafeeni ja hiilinanoputket tarjoavat uusia mahdollisuuksia.

Ryhmä kiinalais-amerikkalaisia tutkijoita on kehittänyt erittäin herkän jäähdytystä kaipaamattoman infrapunailmaisimen. Yleensä herkät infrapunailmaisimet vaativat toimiakseen konstikkaan jäädytysjärjestelmän.

Hiilinanoputkilla on vahva ja laajakaistainen infrapunavalon absorbtiokyky, jota voidaan säädellä valitsemalla halkaisijaltaan erilaisia nanoputkia. Koska hiilinanoputkilla on hyvä elektronien liikkuvuus, uudenlainen anturi reagoi erittäin nopeasti, käytännössä pikosekunneissa.

Tutkijoiden mukaan ilmaisin osoittaa hyväksyttävää herkkyyttä huonelämpötilassa ja sitä voi vielä parantaa kasvattamalla hiilinanoputkien tiheyttä.

Anturin rakenne eliminoi jäähdytyksen koska hiilinanoputket emittoivat huoneen lämpötilassa verrattain vähän omaa infrapunasäteilyä ja erityisesti silloin kun ne ovat jollain alustalla. Lisäksi ne ovat erittäin hyviä lämmönjohteita, joten lämpö ei kerry ilmaisimeen itseensä.

KAKSIULOTTEISET MATERIAALIT

Molybdeenidisulfidi ja fetit anturina

Luonnollisesti myös muut kaksiulotteiset materiaalit kuin grafeeni kiinnostavat tiedemiehiä mahdollisina anturisovelluksina.

Vuonna 2014 UC Santa Barbaran (UCSB) tutkijat kehittivät erittäin herkän bioanturin molybdeenidisulfidiseen (MoS2) kanavatransistoriin (fet) perustuen.

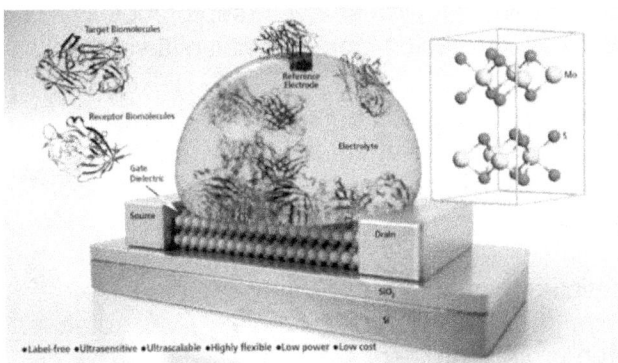

UC Santa Barbara. Photo Credit Peter Allen

Fetti on eräs transistorityyppi, joiden peruskanavan virtaa säädetään portilta tapahtuvalla ohjauksella, aivan kuten vesihanan virtausta säädetään hanan nupista.

Molybdeenidisulfidin käyttö bioanturissa ylittää vastaavassa tarkoituksessa grafeenin herkkyydessä peräti 74-kertaisesti sekä tarjoaa paremmat mahdollisuudet massavalmistukselle.

Kanavatransistoreihin (FET) perustuvat bioanturit ovat nouseva teknologia lääketieteen, oikeuslääketieteen ja turvallisuuden aloille, koska ne ovat kustannustehokkaita verrattuna kalliisiin fluoresoiviin optisen havaitsemisen menettelyihin uskovat tutkijat.

- Tämä keksintö luo perustan uuden sukupolven ultraherkille ja edullisille biosensoreille, jotka voivat lopulta mahdollistaa yksittäisen molekyylin tunnistuksen, joka on Graalin malja diagnostiikan ja biotekniikan tutkimuksessa, totesi tuolloin professori Samir Mitragotri yliopistonsa tiedotteessa.

Biotunnistuksen parissa käytetyissä fetti-rakenteissa fyysinen portti on poistettu ja kanavan virta säätyy reseptorimolekyylin ja sähköisesti varatun kohdebiomolekyylin välisellä sidoksella.

MoS2:n keskeinen etu biofeteissä on suhteellisen suuri ja yhtenäinen energiarako, mikä vähentää vuotovirtaa ja kasvattaa fetin kytkentäjyrkkyyttä eli parantaa tunnistusherkkyyttä.

Lisäksi MoS2-fetin kanavapituutta bioanturissa voidaan skaalata mittoihin, jotka ovat pienten biomolekyylien, kuten DNA:n tai pienten proteiinien tasolla.

UCSB:n ryhmän kehittelemiä MoS2-biosensoreita on jo toimitettu erityisten proteiinien tunnistuksiin herkkyydellä joka vastaa samaa kuin yksi tippa maitoa liuotetaan sataan tonniin vettä.

Paras kaikessa tutkijoiden mukaan on, että kaksiulotteista MoS2:ta on suhteellisen helppo valmistaa. Vaikka yksiulotteiset materiaalit kuten hiilinanoputket ja nanolangat mahdollistavat myös erinomaisen sähköstatiikan ja niillä on kaistaero, ne eivät sovellu edulliseen massatuotannon niiden prosessin monimutkaisuuden vuoksi, totesivat tutkija tiedotteessaan.

Atomisen ohuita kaasu- ja kemia-antureita

Vuotta myöhemmin University of California Riversiden insinöörit kehittivät molybdeenidisulfidista ja grafeenista antureita kemiallisille höyryille.

Kehitetyissä anturirakenteissa on kaksiulotteiset kanavat, jotka ovat erinomaisia anturisovelluksiin, koska näin saadaan suuri pinta-alan ja tilavuuden suhde sekä laajalti viritettävä elektronien pitoisuus.

Tutkijat osoittivat, että heidän molybdeenidisulfidiset ohutkalvoiset kenttävaikutustransistorit (TF-FET) voivat selektiivisesti havaita etanolin, asetonitriilin, tolueenin, kloroformin ja metanolin höyryjä. Näiden anturien valikoiva havaitseminen ei edellytä pinnan ennalta tehtävää funktionalisointia tietyille höyryille.

Ainutlaatuisuus UC Riversiden kaasuantureissa - sekä grafeeni että MoS2 – on, että ne käyttävät matalataajuista virran vaihtelua ylimääräisenä havaintosignaalina selektiiviselle kaasun tunnistukselle. Perinteisesti kemiallisissa antureissa hyödynnetään vain sähkövirran tai vastuksen muutosta. Tällöin on käytettävissä vain yksi muuttuva suure. Mutta ylimääräinen havaintosignaali mahdollistaa paremman selektiivisyyden.

Nanolangoista

Nanolangat ovat nimensä mukaisesti halkaisijaltaan muutamia kymmeniä nanometrejä. Usein niitä kutsutaan myös yksiulotteisiksi materiaaleiksi.

Näissä mitoissa kvanttimekaaniset ilmiöt alkavat olla merkittäviä koska elektronit ovat niissä kvanttirajoittuneita yhteen ulottuvuuteen ja täten miehittävät energiatasoja, jotka ovat erilaisia kuin perinteiset energiatasojen tai kaistojen jatkuvuudet bulkkimateriaaleissa.

Tämä johtaa myös tietyissä nanolangoissa erillisinä arvoina esiintyviin sähköisen johtavuuden arvoihin. Tällaisia erillisiä arvoja syntyy kvanttimekaniikan rajoittaessa elektronien lukumäärä, jotka voivat kulkea nanometrisessä langassa. Näitä erillisiä arvoja kutsutaan usein kvantti konduktanssiksi ja ne ovat kokonaislukujen kerrannaisia.

Proteiinien ja kemikaalien tunnistus

Vastaavalla tavalla kuin FET-transistoreissa porttiterminaalilla ohjataan sen läpi kulkevaa virtaa, Bio/Chem-FET:ssä sopivilla portille koplatuilla kohdemolekyyleillä saadaan aikaan mitattavissa oleva muutos biofetin johtavuudessa eli virran kulussa.

Kun nämä laitteet on valmistettu puolijohteisien nanolankojen toimiessa transistorielementtinä, joka sitoo kemiallisia tai biologisia molekyylejä anturin pintaan se aiheuttaa varaustenkantajien ehtymisen tai kerääntyminen lankaan ja sitä kautta virrankulun muutoksen nanolangassa.

Kun tämä säädettävänä johtavuuskanavana toimiva lanka on tiiviissä kontaktissa kohteen tunnistusympäristön kanssa, se johtaa erittäin lyhyeen vasteaikaan.

Nanolankoja voidaan valmistaa eristeistä, johdemateriaaleista mutta myös puolijohdemateriaaleista, kuten Si, Ge tai metallioksidit (esim. In2O3, SnO2, ZnO, jne.)

Piistä tehdyt nanolanka-anturit toimivat erittäin herkkinä ja reaaliaikaisina biomarkkerien tunnistimina syövän proteiineille sekä havaitsevat yksittäisiä viruspartikkeleita tai nitroaromaattisia räjähteitä (TNT).

EDULLISET JA PRINTATTAVAT

Materiaalitekninen kaksi- tai kolmiulotteinen tulostustekniikka tuo myös mahdollisuuksia anturitekniikkaan. Erityisesti näin voidaan toteuttaa erittäin edullisia antureita.

Tulostettava ja joustava kuumeanturi

Kehon lämpötila lienee terveydenhoidon mitatuin suure ja siihen on tarjolla vaikka minkälaisia välineitä.

Tokion yliopiston tutkimusryhmä on kehittänyt tulostettavan, joustavan ja kevyen anturin, joka reagoi nopeasti pieniin lämpömuutoksiin ihmisen ruumiinlämmön alueella.

Tutkijoiden kehittämä uudenlainen lämpötila-anturi osoittaa erittäin vahvaa resistanssin muutosta aina 100000-kertaisesti vain viiden asteen laajuisella alueella. Näin voidaan toteuttaa tarkka lämpötilan mittaus ilman kovin monimutkaisia näyttöpiirejä.

Kehitetty anturi voidaan kiinnittää biologiseen kudokseen, kuten ihoon tai laastariin. Sen voisi tulostaa esimerkiksi kipsattavan haavan päälle tarjoamaan varoituksen infektiosta paikallisesta lämpötilan muutoksesta johtuvasta tulehduksesta.

Painotekniikalla rikkivetyanturi

Åbo Akademin ja Ulmin yliopiston tutkijat ovat puolestaan kehittäneet täysin painoprosessilla paperille tuotettavan kupariasetaattiperustaisen rikkivetyanturin (H2S).

Anturi osoittaa useiden kertaluokkien suuruisen muutoksen resistanssissa kun se altistetaan rikkivedyn 10 miljoonasosan pitoisuuksille.

Rikkivetyä esiintyy esimerkiksi kemiallisessa metsäteollisuudessa, jätevedenpuhdistamoissa ja kaivosteollisuudessa. Hengitettynä rikkivety voi pahimmissa tapauksissa johtaa kuolemaan kuten kävi keväällä 2012 Talvivaaran kaivoksella.

Uusien anturien edullisuus, pieni käyttöjännite, nopea tunnistusvaste ja toiminta huonelämpötilassa tekevät ne lupaaviksi teollisiin käyttöön kuten esimerkiksi elintarvikkeiden pakkaukseen.

Parempia typpioksidiantureita

Iranilaiset ja espanjalaiset tutkijat ovat löytäneet uuden tavan tuottaa typpioksidia (NO2) mittaava nanoanturi. He onnistuivat syntetisoimaan anturiin indiumoksidin (In2O3) nanohiukkasia.

Typpidioksidi on ilmansaaste ja sitä syntyy energian tuotannon, teollisuuden ja liikenteen savukaasupäästöistä. Indiumoksidi tunnetaan puolijohdeoksidina, joka sopii kaasujen tunnistamiseen matalissa lämpötiloissa.

Uusi nanoanturi tarjoaa enemmän tilaa kaasun kululle koska toisiinsa ketjumaisesti liittyvät nanopartikkelit tuottavat rakenteeseen huokosia. Tämä seikka tuottaa nanoanturiin paremman ja nopeamman vasteen verrattuna muihin antureihin.

Edullisia orgaanisia antureita

Orgaaniset materiaalit ovat saaneet elektroniikan parissa kasvavaa kiinnostusta koska niitä voidaan työstää tavanomaisiin puolijohdetekniikkaan verrattuna matalissa lämpötiloissa.

Tämä mahdollistaa elektroniikan toteuttamisen vaikkapa joustavalle muovialustalle mikä kovasti kiinnostaa puettavan elektroniikan sektoria.

Ala on myös anturitekniikan hyödynnettävissä, joten vuonna 2014 Tokion yliopiston tutkijat kehittivät maailman ensimmäisen kokonaisen joustavan langattoman orgaanisen tunnistinjärjestelmän, jota voidaan käyttää vaikkapa kertakäyttöisenä anturina laastareissa ja vaipoissa.

Anturin elektronista monimuotoisuutta kuvaa se, että anturin tehon- ja tiedonsiirto tapahtuu sähkömagneettisen resonanssikentän kautta. Polymeerikalvolle istutettu orgaaninen integroitu piiri rakentuu lohkoista, joista ensimmäinen tuottaa virtaa magneettisesta resonanssista ja orgaanisista diodeista muodostetusta tasasuuntaajapiiristä.

Toinen lohko on sijoitettu orgaaniseen rengasoskillaattoriin, jonka värähtelytaajuus muuttuu mittausresistanssin muutoksen mukaan. Se siis tuottaa varsinaisen mittausinformaation.
Kolmas lohko on ESD-suoja, joka käsittää orgaaniset diodit, jotka suojaavat koko järjestelmää ihmiskehon sähköstaattisilta purkauksilta.

Anturimustetta kuulakärkikynästä

Kalifornian yliopiston San Diegon nanoinsinöörit ovat kehittäneet biomusteita, jotka reagoivat useisiin kemikaaleihin, kuten glukoosiin, räjähteisiin ja hermomyrkkyihin.

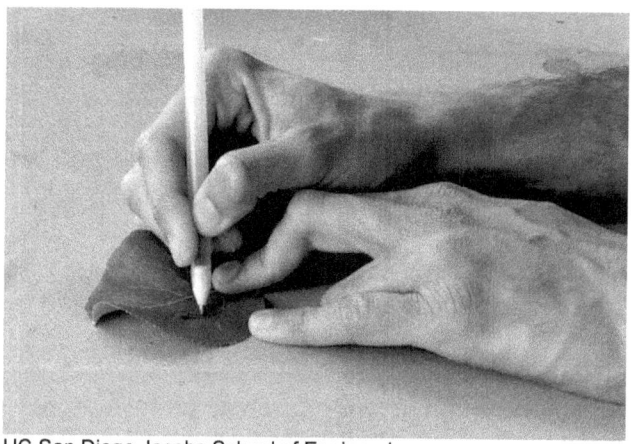

UC San Diego Jacobs School of Engineering

Ainetta demontroidakseen he täyttivät tavallisia kuulakärkikyniä musteellaan ja piirtelivät anturipintoja iholle ja puun lehdille.

Idea perustuu entsymaattiseen musteeseen, jonka perusta on bioyhteensopiva ja lääkkeissä sideaineena käytettävä polyetyleeniglykoli. Lisäksi tarvittiin sähkövirtaa johtavaa grafiittijauhetta ja tartunta-aineeksi antibakteerista kitosaania.

Pelkän musteviivan piirtäminen iholle tai puun lehdelle ei kuitenkaan riitä vaan kemiallisista aineista koostuvan anturiosan lukemiseen jännitettä ja sen kemiassa tuottamia arvoja tulkitsevaa ja tuloksia esittävää elektroniikkaa.

Anturitaidetta lyijykynällä ja toimistopaperilla

Vuoden 2014 alussa joukko Northwestern Universityn McCormick School of Engineeringin opiskelijoita osoitti, että kynää ja tavallista toimistopaperia käyttäen voidaan luoda rakenteita, jotka voivat mitata venytystä ja havaita vaarallisia kemiallisia höyryjä.

Projekti sai alkunsa keskustelusta grafeenin johtavista ominaisuuksista. Kun lyijykynällä piirtää viivan paperille, sen grafiitti hajoaa paperille lukuisiksi grafeenitasoiksi. Siitä seuraakin kysymys, voisiko sitä käyttää johonkin?

Yksi ryhmän opiskelijoita aloitti paperilla olevien lyijykynäjälkien johtavuuksien mittaukset. Havaittiin, että paperin taivuttelu ja puristelu paransi ja heikensi kynäjälkien sähkönjohtavuutta koska grafeenihiukkaset lähenivät tai etenivät toisiinsa nähden.

Seuraavaksi tutkittiin jälkeä joka syntyi kynällä, jonka grafiittisidoksena ei ollut perinteistä savea, vaan polymeerisidosaine. Edelliseen tapaan johtavuutta voitiin muuttaa paperia taivuttelemalla, mutta havaittiin, että siihen vaikutti myös haihtuvat kemialliset höyryt, kuten myrkylliset teollisuuden liuottimet.

Kun kemikaali on läsnä, polymeerisidosaine imee höyryä ja laajenee, hajaannuttaen grafeeniverkostoa ja vähentäen siten johtavuutta. Johtavuus laski eniten sellaisten höyryjen läsnä ollessa, jotka helpommin imeytyvät polymeerisideaineeseen.

Opiskelijoiden mukaan tämä puolileikillinen tekniikka voisi innostaa uusiin taidemuotoihin tehdä älykkäitä ja interaktiivisia piirustuksia, joissa itse taide on virtapiirejä jotka voisivat reagoida ympäristöönsä.

TRICORDER

http://tricorder.xprize.org

Qualcomm Tricorder XPrize on tarkoitus tuottaa suositun Star Trek -elokuvassa käytetyn kaltainen terveyden ja ympäristön etämittauksia tekevä Tricorder-laite.

Kilpailun tarkoitus on, että kuluttajalle suunnattu laite antaisi hänelle mahdollisuuden selvittää itse omaa terveyden tilaansa.

Palkintosumma on kymmenen miljoonaa dollaria. Kilpailu käynnistettiin vuoden 2012 tammikuussa ja alun perin palkinto piti julkistaa jo vuoden 2016 alussa.

Haaste onkin osoittautunut vaikeammaksi ja kilpailuaikaa on pidennetty alkuvuoteen 2017. Järjestäjien mukaan pidennys tarjoaa seitsemälle jo valitulle finalistijoukkueelle lisäaikaa sopeuttaa Tricorder-laitteensa kilpailun vaatimuksiin.

Alun perin laitteen piti selvittää 16 sairautta mutta nyt vaatimuksina on vain 13 sairautta. Vaatimuksista poistettiin muun muassa aivohalvaus ja hepatiitti A. Poistot tehtiin enemmän nykyisten epidemiologioiden mukaisiksi sekä vähentämään testaajien tartuntariskiä.

Jatkossa laitteen pitäisi tunnistaa muun muassa anemia, eteisvärinä (AFib), keuhkoahtaumatauti, diabetes, leukosytoosi, keuhkokuume, välikorvatulehdus, uniapnea, virtsatieinfektio sekä muutamia valinnaisia sairauksia.

Lisäksi pakollisia perusmittauksia ovat verenpaine, syke, happisaturaatio, hengitystaajuus ja lämpötila.

Kilpailuun kuuluu toimittaa lopputestiin toimiva laite, joten se on toteutettava jo olemassa olevilla tekniikoilla. Nykyisiä anturitekniikoita hyödyntäen laitteessa lienee käytettävä melkoisesti tekoälyä.

Laite erilaisine varusteineen saa painaa korkeintaan viisi kiloa. Järjestelmässä on oltava keinot kuluttajien tallentaa ja jakaa tietoa ja oltava pääsy etänä Internettiin. Nämä vaatimukset lienevät kilpailun helpoin osio.

Voittaja on joukkue, jonka tekniikka tarkimmin diagnosoi joukkoa sairauksia riippumattomasti terveydenhuollon ammattilaisista tai palveluista, ja joka tarjoaa parhaan kuluttajan käyttökokemuksen laitteeseensa.

Kilpailusaatteesta päätellen amerikkalaisilla on jostain syystä kova hinku ihan itse selvittää, onko heillä edellä kuvattuja sairauksia. Entä sitten kun jokin sellainen havaitaan, netistäkö siihen sitten haetaan hoito-ohjeet.

Kohdetta koskematta
Yksi alkuperäisen science fiction Tricorderin toimintatapa oli tehdä analyysejä kohdetta koskettamatta. Tämä vaatimus olisi kyllä ollut jo liian kova pala nykyisissä kilpailuvaatimuksissa.

Mutta Stanfordin yliopiston sähköinsinöörit ovat kuitenkin ottaneet yhden askeleen kohti Star Trek tricorder –laitetta.

Tutkimustyössä keskityttiin havaitsemaan haudattuja muoviräjähteitä, mutta tutkijat sanoivat, että teknologia voisi tuottaa myös uuden tavan tunnistaa varhaisessa vaiheessa olevia syöpäkasvaimia.

Ensinnäkin, kaikki materiaalit laajenevat ja supistuvat kun niitä stimuloidaan sähkömagneettisella energialla. Toiseksi materiaalien laajeneminen ja supistuminen tuottaa ultraääniaaltoja.

Eri materiaalit laajenevat ja supistuvat kuumennettaessa eri tavoin. Varsinkin liejuinen ja vetinen maaperä imee enemmän lämpöä kuin muovi.

Sotatoimialueella, mikroaallot voisivat lämmittää epäiltyä aluetta, aiheuttaen mutaisen maan laajenemisen ja siten muovin puristumisen. Sykkivät mikroaallot tuottaisivat sarjan ultraäänien paineaaltoja, jotka voitaisiin havaita ja tulkita paljastamaan haudatun muoviräjähteen läsnäolo.

Ääniaallot etenevät eri tavoin kiinteissä kuin ilmassa, jossa siirtymisessä on lisäksi vahva hävikki. Siksi ultraäänikuvia kohdussa olevista vauvoista otettaessa se on tehtävä kosketuksessa ihon kanssa.

Stanfordin ryhmä sovittautui erityisesti tähän hävikkiin rakentamalla kapasitiivisen mikrotyöstetyn ultraäänien siirron ilmaisimen, joka kykenee erottamaan heikoimpiakin ilman kautta saapuvia ultraäänisignaaleja.

Terveydenhoidon versiossa käytettiin lyhyitä mikroaaltopulsseja ja noin jalan toimintaetäisyyttä. Materiaali kuumeni vain tuhannesosa astetta, mikä on hyvin terveydenhuollon turvallisuusrajojen sisällä.

Näinkin vähäinen lämmitys aiheutti materiaalin laajentumisen ja supistumisen, mikä puolestaan loi ultraääniaaltoja, jotka Stanfordin laite pystyi havaitsemaan.

Lääketieteellinen tutkimus on osoittanut, että kasvaimet kasvattavat lisäverisuonia ruokkimaan niiden syöpämäistä kasvua. Verisuonet imevät lämpöä eri tavalla kuin ympäröivä kudos, joten kasvaimien pitäisi näkyä ultraäänisinä kuumina pisteinä.

Tutkijat ovat työskennelleet tämän parissa pari vuotta ja he uskovat että viiden tai viidentoista vuoden kuluessa tämä tulee käytäntöön ja yleisesti saataville.

"Uskomme, että voisimme kehittää instrumentointia riittävän herkäksi paljastamaan kasvaimet, ja ehkä muitakin terveydenhuollon poikkeavuuksia, paljon aikaisemmin kuin nykyiset havaitsemisjärjestelmät, ei-tungettelevasti ja mukana kulkevalla kannettavalla laitteella" totesivat tutkijat tulostensa esittelyssä.

Lisäksi tutkijat uskovat, että heidän mikroaaltoon ja ultraääneen perustuva tunnistusjärjestelmä on halvempi kuin muu kuvantaminen, kuten MRI tai CT ja turvallisempi kuin röntgenkuvat.

TIEDETTÄ

Elektroneja laskien
Samassa Cambridgen laboratoriossa Yhdistyneessä kuningaskunnassa, jossa brittifyysikko J.J Thomson löysi elektronin vuonna 1897, eurooppalaiset tutkijat ovat kehittäneet uuden ultra-herkän elektronien varauksen anturin, joka kykenee ilmaisemaan yksittäisten elektronien liikettä.

Rakenne voi havaita yhden elektronin sähkövarauksen alle mikrosekunnissa.

Nykyiset sähköiset ja elektroniset laitteet perustuvat triljoonien elektronien sähkövarauksien siirtelyyn mutta tulevaisuudessa tavoitellaan yksittäisten elektronien liikuttelua.

Tämän tavoitteen toteuttamiseen varmaan tarvitaankin tämän talon antureita mutta tutkijoiden mukaan muita sovelluksia tällaisille rakenteille olisivat esimerkiksi ultratarkat bioanturit, yksittäisen elektronin transistorit, molekyylipiirit ja kvanttitietokoneet.

Nanopalkki ja kvantti-ihme

Kvanttimaailman sääntöjä pidetään fysiikassa yleensä perimmäisinä totuuksina ja esimerkiksi mittausten tarkkuutta rajoittaa viime kädessä Heisenbergin epätarkkuuden periaate.

Mutta tiedemiehille moiset totuudet ovat tietenkin haaste ja yhdysvaltain energiaministeriön Oak Ridge National Laboratoryssä on kehitetty menetelmä, jolla kiertää tätä periaatetta.

Kvanttirajan voi ylittää periaatetta rikkomatta siirtämällä tutkittavien muuttujien kohinaa pois vähemmän kiinnostavalle alueelle.

Tekniikalla, jossa käytetään kahta valon sädettä vaimentamaan kohinaa, tutkijat saivat aikaan 60 prosenttisen vähennykseen virheeseen.

Kvanttimaailman pieni värähtelyanturi

Kvanttiteknologia soveltaa kvanttimekaniikan ilmiöitä ja avaa mahdollisuuksia uusille innovaatioille, jotka ovat klassisen fysiikan periaatteisiin nojaavan teknologian ulottumattomissa.

Hiilinanoputkia ja magneettisia molekyylejä pidetään yhtenä tulevaisuuden nanoelektroniikan rakennuspalikoina. Niiden sähköisillä ja mekaanisilla ominaisuuksilla on siinä tärkeä rooli.

Karlsruhe Institute of Technologyn (KIT) tutkijat ja heidän ranskalaiset kollegat Grenoblesta ja Strasbourgista ovat löytäneet tavan yhdistää molemmat komponentit atomitasolla ja rakentaa kvanttimekaaninen järjestelmä jolla on uudenlaisia ominaisuuksia.

Kokeiluissaan tutkijat asettivat hiilinanoputken mikrometrin päässä toisistaan olevan kahden metallielektrodin väliin siten, että se saattoi värähdellä mekaanisesti. Sen oheen liitettiin orgaaninen molekyyli, jolla on magneettinen spin, koska siihen sisältyi metalliatomi.

Spin on alkeishiukkasten (kuten elektronin) ominaisuus, joka voi saada vain tiettyjä kvantittuneita arvoja. Spin liittyy hiukkasen magneettisiin ominaisuuksiin siten, että jos esimerkiksi atomin kokonaisspin on nollasta poikkeava, niin sillä on magneettinen momentti.

Kun spiniin suunnattiin ulkoinen magneettikenttä, sen suunta muuttui, ja syntynyt sysähdys siirtyy hiilinanoputkeen jolloin se alkaa värähdellä. Värinä muuttaa nanoputken atomien etäisyyksiä ja näin ollen sen johtokykyä, jota käytetään sitten liikkeen mittaukseen.

"Tässä asetelmassa tutkijat osoittivat, että putken värähtelyihin vaikuttaa suoraan se, että spin käännetään rinnakkaiseksi tai poikittaiseksi magneettikenttään nähden", kertoo, KIT:n työryhmän vetäjä Mario Ruben instituuttinsa tiedotteessa.

Vahva magneettisen spinin ja mekaanisen värähtelyn vuorovaikutus avaa mielenkiintoisia sovellusmahdollisuuksia.

Sitä on ehdotettu määrittämään muun muassa yksittäisten molekyylien massoja ja mittaamaan nanotasoisia magneettisia voimia.

Tällaiset vuorovaikutukset ovat kvanttimaailman erillisten energioiden ja tunnelivaikutuksien alueilla. Ne voivat olla erittäin tärkeitä tulevaisuudessa käytettäessä nanoskooppisia vaikutuksia makroskooppisissa sovelluksissa.

Erityisesti nanomittakaavan yhdistelmä spiniä, värinää ja kiertoa voi johtaa täysin uusin sovelluksiin jotka eivät ole klassisia ja edustavat siten todella uutta teknologiaa uskovat tutkijat.

Monitoimisia spintronisia älyantureita

Spintroniikka tarkoittaa teknologioita, joissa hyödynnetään elektronien spiniä ja niihin liittyviä magneettisia momentteja. Spintroniikan mahdollisesti tuomiin etuihin kuuluvat muu muassa suurempi muistikapasiteetti, nopeampi tiedonsiirto ja enemmän laskentatehoa mikrosirulla.

Erilaisissa laajemmissa anturijärjestelmissä on eduksi, että saatua signaalia voitaisiin käsitellä heti anturipiirissä, eikä sitä tarvitsisi siirtää prosessointiyksikköön käsiteltäväksi.

North Carolina State Universityn johtama tutkimus avaa ovea älykkäämmille antureille integroimalla älymateriaaliksi nimettyä vanadiinidioksidia (VO2) piisirun päälle ja toisaalta tehden laserin avulla materiaalista magneettista.

Saavutus tasoittaa tietä monimuotoisille spintronisille älyantureille käytettäväksi sotilassovelluksissa ja seuraavan sukupolven spintronisissa laitteissa.

VO2:ta käytetään nykyään infrapuna-antureissa. Integroimalla VO2:ta yhtenä kiteenä piisubstraatin päälle, tutkijat ovat luoneet älykkäitä infrapuna-antureita, joissa anturi ja laskennallisen toiminta on sulautettu yhdelle fyysiselle piirille. Tämä tekee anturin pienemmäksi, nopeammaksi ja vähemmän energiaa kuluttavaksi.

Lisäksi tutkijat käyttivät suuritehoista nanosekunnin pulssilaseria muuttamaan VO2:ta magneettiseksi. Tämä mahdollistaa puolestaan luoda spintronisia älyantureita, jotka sisältävät infrapuna-antureita ja magneettisia antureita samalla piirillä.

Herkkä magneettinen ilmaisu puhtaalla spinvirralla

Puhdas spinvirta, spinien impulssimomenttien vuo ilman varausvirtaa, on yksi tärkeimmistä fyysisistä määritteistä spintroniikan alalla, koska sillä voisi olla keskeinen rooli seuraavan sukupolven alhaisen energiankulutuksen elektroniikassa.

Toisaalta, puhdas spinvirta voisi olla myös koettimena joillekin spinin ominaisuuksille herkällä tavalla.

Japanilais-ranskalainen tutkijaryhmä on todennut, että magneettisia vaihteluja voidaan havaita puhtaalla spinvirralla.

Hyvin tunnetun spinlasin avulla he pystyivät osoittamaan, että puhdas spinvirta voi havaita vaihtelevia magneettisia momentteja paljon herkemmällä tavalla kuin perinteiset magnetoinnin mittaukset.

Siten lähitulevaisuudessa voisi kehittää magneettisia antureita, jotka toimivat puhtaalla spinvirralla ja korvata niillä suprajohtavia kvantti-interferenssi antureita (SQUID).

Ennätyskylmiä elektroneja

Alkuvuodesta 2016 suomalais-brittiläinen tutkimusryhmä Teknologian tutkimuskeskus VTT:stä, Lancasterin yliopistosta ja Aivon Oy:stä onnistui yhteisprojektissaan jäähdyttämään piisirulle rakennetun nanoelektronisen piirin elektronit kylmemmiksi kuin koskaan aiemmin.

Kyseessä oli temppu, jossa nanoelektronisen laitteen elektronien lämpötila laskettiin muutaman asteen tuhannesosan päähän absoluuttisesta nollapisteestä ensimmäistä kertaa maailmassa.

Erilaisten kappaleiden jäähdyttäminen millikelvinien lämpötiloihin on ollut mahdollista jo pitkään. Mutta vastaavan lämpötilan siirtäminen mikro- ja nanoelektroniikan sähkövirtoja kuljettaviin elektroneihin onkin ollut vaikeampi haaste.

Yhdistämällä uusimpia valmistus ja mittausmenetelmiä käyttäen suomalais-brittiläinen tutkimusryhmä saavutti kuitenkin 3,7 millikelvinin lämpötilan nanoelektroniikan tunneliliitoskomponentissa.

Läpimurto viitoittaa tietä alle yhden millikelvinin lämpötila-alueen nanoelektroniikan piireille ja on yksi askel kohti uusien kvanttiteknologian sovellusten, kuten kvanttitietokoneiden ja kvanttiantureiden, kehittämistä.

Työssä esitelty tunneliliitoskomponentti on samalla myös niin sanottu primäärilämpömittari eli lämpömittari, jota ei tarvitse kalibroida.

VTT tutkii yhdessä BlueFors Cryogenics -yrityksen kanssa tutkimuksessa kehitetyn sähköisen primäärilämpömittarin kaupallistamisen mahdollisuuksia.

Vähän isompi kosteusanturi

Kun nanotekniikka mahdollistaa antureiden tulevaisuudessa tutkia molekyylejä ja soluja ja jopa kvanttimekaniikan alueella tapahtuvia ilmiöitä niin myös maapallo on monenlaisten mittausten kohde.

Tammikuun lopulla 2015 avaruuteen lennätetty NASAn Soil Moisture Active Passive (SMAP) satelliitti-instrumentti mittaa Maapallon maaperässä olevaa kosteutta aiempaa paremmalla tarkkuudella ja resoluutiolla.

NASA

Satelliittijärjestelmän kolme pääosaa ovat tutka, radiometri ja suuri pyörivä antennipeili. Jotta mittaukset kattaisivat maapallon vähintään joka kolmas päivä antenni pyörähtää lassomaisesti noin 14 kierrosta minuutissa ja tekee maapallon pinnalla noin 1000 kilometrin kokoisen pyörähdyksen noin 40 kilometrisellä mittauskeilalla.

SMAP:n tutka lähettää antennipeilin kautta mikroaaltoja kohti Maata ja vastaanottaa takaisin siroavia signaaleja. Mikroaallot tunkeutuvat maaperään noin viiden senttimetrin verran ja muutokset palaavien mikroaaltojen sähköisissä ominaisuuksissa osoittavat muutoksia maaperän kosteudessa.

Järjestelmän aktiivinen ja passiivinen mittaustapa tuottavat parhaimmat resoluution ja tarkimmat mittaukset, mitä koskaan on tehty maaperän kosteudesta.

SMAP:issa käytetään sekä tutkan että radiometrin parhaita puolia ja vältetään niiden heikkouksia. Ilmastomittauksissa radiometri tarjoaa tarkemman kuvan maaperän kosteudesta mutta karkealla noin 40 kilometrin resoluutiolla. Tutka voi tuottaa erittäin korkea resoluution, mutta se on epätarkempi. Näitä yhdistäen saadaan noin 10 kilometrin resoluutio ja hyvä tarkkuus.

Yhdistäen SMAP-havaintoja muuhun saatavissa olevaa dataan, kuten esimerkiksi hydrologisiin malleihin, järjestelmä tuottaa myös arvion maan kosteudesta noin metrin syvyyteen asti. Lisäksi voidaan arvioida hiilen vaihtoa atmosfäärin ja maan pinnan välillä.